Die

vulcanische Thätigkeit

auf

dem Festlande von Africa, in Arabien und auf den Inseln des Rothen Meeres,

dargestellt

von

T. E. Gumprecht.

Berlin, bei G. Reimer.
1849.

Vorrede.

Durch die seit dem Beginne dieses Jahrhunderts so ungemein rasch fortschreitende Ausbildung der Naturwissenschaften hat sich bekanntlich auch eine von der früheren völlig abweichende Ansicht über das Wesen der Erdkunde entwickelt, indem man nunmehr allgemein zu der Ueberzeugung gelangt ist, dafs nur eine genauere Kenntnifs der qualitativen Eigenthümlichkeiten der festen Massen des Erdkörpers über die Natur vieler Erscheinungen, deren Erforschung zu jeder Zeit dem Gebiete der Erdkunde zugerechnet wurde, Aufschlufs zu geben vermag. Es genügt in dieser Hinsicht, auf die Ergebnisse der umfassenden Untersuchungen Al. v. Humboldts, L. v. Buchs, Elie de Beaumonts, Bucklands, Boués, Darwins und vieler anderen geistvollen und thätigen Naturforscher unserer Zeit hinzuweisen, um die wichtige Hilfe zu erkennen, welche die Erdkunde in der Geognosie besitzt, und um sich gleichzeitig zu überzeugen, dafs Untersuchungen, die den Grund der Gestaltung unserer jetzigen Erdoberfläche, die Vertheilung der Gewässer, die Verbreitung und den Character der Flora, die Eigenthümlichkeit der Thierwelt, endlich die Lebensweise und Cultur der Bevölkerung, ja selbst deren Geschichte betreffen, niemals ohne die Unterstützung der Geognosie zu einem gedeihlichen Resultat gelangen können. Viele Thatsachen, nunmehr von Bedeutung in der

Erdkunde, wären ohne die Mitwirkung dieser Wissenschaft in der That völlig unbeachtet geblieben, oder wenigstens nie in ihr wahres Licht getreten. Kein Erdtheil aber dürfte für Untersuchungen der Art dankbarer sein, als Africa, weil nirgends die Gegensätze in der Configuration des Bodens und in den davon zunächst abhängigen Verhältnissen der Gewässer, der Bevölkerung und der übrigen organischen Wesen sich so schroff und grofsartig kundgeben, als grade hier. Mit bewundernswerther Klarheit und Bestimmtheit, mit durchdringendem Scharfsinn hatte freilich Ritter vor mehr als 30 Jahren bereits die Hauptzüge der geographischen Verhältnisse Africas aus den dürftigen Quellen, die ihm damals zu Gebote standen, entwickelt, aber um wie viel vollendeter noch wäre diefs Musterbild geographischer Forschung ausgefallen, wäre es seinem Verfasser vergönnt gewesen, mehr Vorarbeiten naturhistorischer und vor Allem geognostischer Forscher vorzufinden! Auch jetzt noch vermöchte eine geographische Darstellung des Continents in der Art derer von Ritter nicht zu dem Grade der Vollkommenheit zu gedeihen, die wir in des Letzteren eigenem neueren Werke über Asien finden und welche namentlich Arbeiten im Geiste der neueren Erdkunde über Europa und America zu erreichen vermögen, weil unter den zahlreichen, durch den Eifer so vieler Forscher neuester Zeit mit der aufopferndsten Hingebung der Kenntnifs unseres Continents erworbenen Quellen sich leider keine einzige geognostische, mit Ausnahme der von Russegger, von nur einigem Umfange findet. Nur über höchst wenige Stellen der aufsersten Ränder Africas besitzen wir von Basil Hall, Rozière, Puillon Boblaye, Newbold und Coquand einige von kundiger Hand herrührende Nachrichten, zu denen noch die schätzbaren Mittheilungen von Forschern anderer Fächer z. B. die von Rüppell, Ferret und Galinier, Burchell u. s. w., endlich die von aufmerksamen Laien, wie etwa die von Raffenel und Rochet treten, aber so gering auch alle diese Ausbeute im Verhältnisse zu der unermefslichen Ausdehnung des Continents ist, so verpflichtet müssen wir uns doch den Männern fühlen, von denen sie ausging, indem grade diese schwachen Anfänge der geognostischen Kunde Africas zum Verständnisse einer nicht geringen Reihe anderer Thatsachen dienen, die zerstreut in zahlreichen neueren und älteren Werken grade ihrer Isolirtheit wegen bisher nur wenig für die wissenschaftliche Kunde des Continents beobachtet wurden, welche combinirt aber und unter allgemeinen Gesichtspunkten aufgefafst, immer zu höchst schätzbaren Aufschlüssen über die quantitativen und gestaltlichen Verhältnisse der festen Oberfläche und die übrigen Eigenthümlichkeiten Africas leiten. Ich habe es demnach nicht grade für unnütz gehalten, mit der Sammlung und Zusammenstellung solcher zerstreuten Notizen zu beginnen, um den Weg für eine neue wissenschaftliche Kunde unseres Erdtheils im Geiste ihres älteren Vorbildes anzubahnen, und ich versuchte es namentlich zuerst in dieser Schrift, eine möglichst vollständige Darstellung der vulcanischen Thätigkeit in Africa sammt einem Nachweise über das Vorkommen ihrer Producte zu geben, weil der Einflufs der feurig flüssigen Massen auf das Wesentlichste in der Vorwelt auf die Gestaltung der Oberfläche des Continents eingewirkt und dadurch grade die Gegensätze hervorgerufen hat, an denen wir ihn reicher, als jeden anderen finden. Nur ausnahmsweise habe ich auch die vulcanischen und plutonischen Erscheinungen von Arabien und auf den Inseln des Rothen Meeres berücksichtigt, weil sie in der That sich an die in Ost Africa auf das innigste anschliefsen und, wie das Folgende zeigen wird, grade mit den letzteren einem und demselben grofsartigen Princip ihren Ursprung verdanken. — In der Mangelhaftigkeit des Materials, in der geringen geistigen Ausbildung, geschweige der wissenschaftlichen, der meisten Berichterstatter über Africa, liegt es jedoch wesentlich, dafs dieser Versuch keine höhere Stufe der Vollendung erlangt hat, aber selbst in seiner unvollkommenen Gestalt, glaube ich, dürfte er geographischen und geognostischen Forschern nicht unwillkommen sein, da es einiger Beharrlichkeit und eines Aufenthalts in grofsen Städten in der Nähe reicher Bibliotheken bedarf, um das Material zu einer solchen Mosaikdarstellung zu vereinigen. Das Erscheinen dieser Arbeit wäre bei den jetzigen politischen Verhältnissen freilich unmöglich gewesen, hätte nicht Herr Geheime Ober-Bergrath Karsten die Güte gehabt, derselben in seinem weit verbreiteten Journal einen Platz zu gönnen; ich sehe es daher für eine Pflicht an, demselben öffentlich meinen Dank dafür auszusprechen. Da Herr Geheime Rath Karsten noch geneigt ist, auch einer ähnlichen bereits vollendeten Arbeit über die Mineralquellen und einer dritten über die Erzvorkommnisse Africas dort eine Aufnahme zu gestatten, so hoffe ich der zukünftigen Geographie von Africa eine sicherere Basis zu erwerben und zugleich Forschern in diesem Continent selbst eine Art von Leitfaden zu geben für das, was bisher für die Kenntnifs der festen Gesteinmassen desselben geschehen ist, und für das, was in dieser Hinsicht noch geschehen mufs. Ueberall wo es mir möglich war, habe ich die Originalquellen selbst benutzt und mich bestrebt, die Citate in der Correctur in der erreichbarsten Richtigkeit zu liefern. Auch in dieser Hinsicht habe ich nur der Gewissenhaftigkeit Ritters nachzueifern gehabt.

Berlin, den 1. August 1849.

T. E. Gumprecht.

Nachdem die Untersuchungen über den Bildungsgang des Erdkörpers zu dem Resultat geführt haben, dafs in der Vorzeit viel gröfsere Theile der Erdoberfläche als jetzt vom Meere bedeckt waren, und dafs letzteres, wo es durch Verbindungskanäle zu den feurigen Processen in der Tiefe gelangen konnte, wesentliche Verstärkungen derselben herbeiführte [1]), liefs es sich wohl begreifen, dafs die

---

[1]) A. v. Humboldt machte bekanntlich zuerst darauf aufmerksam (Reise in die Aequinoctialgegenden des neuen Continents. V, 603), dafs in neuerer Zeit der als lateinischer Stylist geschätzte Cardinal P. Bembo bereits im Beginn des 16. Jahrhunderts in einem kleinen Dialog: de Aetna (Petri Bembi Epistolarum lib. XVI. Argent. 1611, 768) den Einflufs des Meeres auf die vulkanischen Feuer in der Erdtiefe und namentlich auch die Häufigkeit der Erdbeben in Sicilien behauptet habe. Indessen zeigt eine Vergleichung der Stelle bei Bembo mit einer anderen bei Justinus (lib. IV. c. 1.), dafs schon im Alterthume ähnliche Ansichten bekannt waren, und es ist sogar nicht zu zweifeln, dafs Bembo den Römischen Autor selbst vor Augen hatte, als er seine Meinung niederschrieb. Mag auch

kleineren, vor der jetzigen Gestaltung des Erdkörpers trokken gelegten Striche verhältnifsmäfsig einst mehr, als es bei unseren jetzigen Continenten möglich sein würde, durch plutonische und vulcanische Kräfte bewegt waren, und dafs überhaupt die Produkte der feurigen Thätigkeit im Erdinnern diesen Verhältnissen gemäfs einen sehr bedeutenden Theil an der Bildung der festen Massen unseres Planeten nahmen. Erklärt sich ferner hieraus, dafs das Vorkommen der Vulkane in der Jetztzeit nothwendig auf Inseln oder auf

---

der erwähnte Dialogus, wie Humboldt sagt, mit den darin vorgetragenen Ideen wenig beachtet worden sein, so fanden doch letztere auf einem anderen Wege ihre Verbreitung, indem schon in den Commentaren älterer Ausgaben des Römischen Historikers eine Anmerkung von Bembo zu der citirten Stelle erscheint, worin er genau die nämlichen Ansichten, wie im Dialogus über den Einflufs des Meerwassers auf vulcanische Phänomene ausspricht. Indessen ist zu bemerken, dafs dieser Einflufs von unserem neueren Autor, wie von seinem Vorgänger, völlig mechanisch aufgefafst wurde, und dafs beide ganz und gar nicht an die Verwandlung des eingedrungenen Meerwassers durch die unterirdischen Hitze in Dämpfe und an die Expansivkraft der letzteren oder gar an die Zersetzbarkeit der Wasserdämpfe durch hohe Temperaturen dachten, sondern die Förderung vulcanischer Processe durch das Meerwasser einfach darauf beschränkten, dafs es durch Corrodiren unterirdische Canäle bilde, die den Winden den Zugang in das Erdinnere eröffnen und dadurch es ihnen möglich machen, die Erdrinde zu erschüttern und die in der Tiefe Siciliens vorhandenen Schwefellager zu entzünden. Auch ein anderer älterer Autor, der Jesuit Masculus, berücksichtigte recht wohl diese Lage der ihm bekannten Vulcane und unterwarf den Einflufs des Meerwassers auf die unterirdischen feurigen Processe einer genaueren Untersuchung, deren Resultat freilich noch abentheuerlicher, als die von Bembo und Justinus aufgestellten Ansichten ausfiel (J. Masculi de incendio Vesuvii. Neapoli 1633, 91). Dafs übrigens Vulcane mit glühenden Massen zuweilen auch Wasser auswerfen, wufste schon Strabo, wie die merkwürdige Stelle (lib. VI. Ed. Casaub. II. p. 258), worin er vom Aetna spricht, erweist. Immer

die Küstenländer der Continente beschränkt ist, und machen es neuere Beobachtungen sogar in hohem Grade wahrscheinlich, daſs die eigenthümlichen Feuer und Lichterscheinungen nebst den reichen Salmiakproductionen auf den Hochebenen Inner-Asiens keine Ausnahme von den Erfahrungen über die Vertheilung der Vulkane bilden, sondern von pseudovulkanischen Processen ausgehen, so scheint es wirklich auf den ersten Blick miſslich, in Africa nach thätigen oder selbst nur nach Spuren erloschener Vulkane zu forschen, da kein anderer Continent so von allen Seiten geschlossen ist, keiner dem Meere jetzt so wenig durch Buchten und Einschnitte den Zutritt in die inneren Theile seiner Oberfläche gestattet, und keiner endlich selbst in der Vorzeit nach dem einförmigen Bau seiner Oberfläche zu schlieſsen, so geringe Störungen derselben durch die feurigen Processe im Erdinnern erlitten zu haben scheint, als gerade dieser [1]. Dennoch erweisen die Untersuchungen,

---

aber scheint Aristoteles (Meteorologica II, 8) derjenige Autor des Alterthums gewesen zu sein, der am frühesten die Lage der Vulcane am Meere berücksichtigte, dieselbe in den Kreis seiner Hypothesen über das Wesen des vulcanischen Processes zog und dem Justinus selbst darin als Vorgänger diente.

[1]) Wenn bereits Strabo in seinem weiteren Vortrage an der angeführten Stelle die Vulcane zugleich als eine Art Sicherheitsklappe ansieht, bei deren Oeffnung das Land am Meeresstrande nur selten erschüttert werde, umgekehrt aber bei der Verstopfung der Ausgänge das unter der Erdrinde eingeschlossene Feuer nebst der Luft heftige Erschütterungen verursache, ferner Seneca ausdrücklich von einem Spiritus spricht, der Alles an Kraft übertreffe, groſse Landstriche zertrümmere (dissipare), ja unbekannte Inseln zum Vorschein bringe (Quaestiones naturales lib. VI. c. 21.), endlich letzterer Autor an einer anderen Stelle desselben Werkes (lib. VI. c. 11) gar auf die Expansivkraft der im Inneren der Erde zugleich mit unterirdischem Feuer eingeschlossenen Dämpfe (vapor) hinweist und die Wirksamkeit der letzteren bei Erdbeben förmlich mit der eines erhitzten und eingeschlossenen Wassers vergleicht, so ergibt

dafs es in Africa an thätigen und erloschenen Vulcanen nicht fehlt, und haben auch selbst die neuesten Forschun-

---

sich, dafs beide Autoren des Alterthums von den Hergängen bei vulcanischen Processen bei Weitem richtigere Vorstellungen, als Bembo, Justinus und als viele von deren neueren Nachfolger hatten, und dafs überhaupt in den Worten jener gewissermafsen schon der Kern zu allen neueren Ansichten über die Natur des Vulcanismus und zu den Erhebungstheorien liegt. Es ist aber begreiflich, dafs dergleichen Ideen nicht eher sicheren Boden gewinnen, und dafs die gewaltigen Kraftäufserungen bei vulcanischen Eruptionen nicht früher auf diejenigen Ursachen zurückgeführt werden konnten, die bei Dampfkesseln thätig sind, bis es nicht gelungen war, die bei den Ausbrüchen aus Krateren zum Vorschein kommenden Dämpfe als Wasserdämpfe zu bestimmen und durch Reihen von Erfahrungen Strabos Angabe von dem gleichzeitigen Auswerfen von Laven und Wasser aus den südeuropäischen Vulcanen auf vielen anderen Punkten der Erde zu bestätigen. Bekanntlich ist letzteres in den letzten 30 — 40 Jahren geschehen, indem die Naturforscher bis in die neuere Zeit darüber schwankten, welche expansible Gase vorzugsweise bei den heftigen Explosionen betheiligt seien, und indem noch im Jahre 1815 A. v. Humboldt es für sehr zweifelhaft hielt (Reisen I, 187), dafs Seewasser durch Vulcane absorbirt, destillirt, zersetzt würde und Dämpfe zur Verstärkung der feurigen Processe im Erdinneren liefere, obgleich er selbst lange vorher am Vesuv, wie am Pic von Teneriffa sehr wohl die auf dem Boden hervortretenden heifsen Wasserdämpfe wahrgenommen hatte. Seit dem jedoch durch die übereinstimmenden Beobachtungen Dolomieus auf Pantellaria (Voyage aux îles de Lipari, Paris 1783, 147), H. Davys (Philosophical Magazine and Annals by Taylor and Philips 1828. IV, 90 und 93), Ménard de la Groyes (Journal de Physique LXXX, 386), endlich Monticelli und Covellis am Vesuv, Boussingaults an 5 südamericanischen, in der Nähe des Aequators gelegenen Vulcanen (Annales de Chemie et Physique LII, 14 – 23) und andere nicht zu erwähnen, auch Poullet Scropes (Considerations on Volcanos. London 1826, 23, 71, 129 u. s. w.) die Entwickelung und die Theilnahme von Wasserdämpfen an den feurigen Processen im Erdinnern genugsam constatirt worden ist, mufs es

gen an der Küste nur an wenigen Punkten noch thätige Vulcane ermitteln können, so wurden doch schon in eini-

gestattet sein, mit A. v. Hoff (Veränderungen der Erdoberfläche. Gotha 1822. III, 358) die Gegenwart von Wasserdämpfen als eines der wesentlichsten Agentien bei den vulcanischen Processen zuzugeben und gleichzeitig die Bildung dieser Dämpfe von eingedrungenem Meerwasser abzuleiten. Bekanntlich hatte sich Gay-Lussac bereits im Jahre 1823 nach dem Vorgange de Luc's und Menard de la Groyes mit Entschiedenheit der Ansicht zugewandt (Annales de Chemie et Physique XXII, 419, 421, 426), dafs das Meerwasser an den feurigen Processen im Erdinnern einen nothwendigen Antheil habe und dieselbe namentlich durch das bei der grofsen, für Torre del Greco so verderblich gewesenen Eruption des Vesuv im Jahre 1794 wahrgenommenen Phänomen reichlicher Regengüsse unterstützt; ja der verdiente Ferussac stand sogar nicht an (Bulletin des sciences naturelles et de géologie. 1828. XV, 235) das Aufhören der Thätigkeit der Vulcane im Inneren der Continente ausdrücklich der nunmehrigen Entfernung derselben vom Meere zuzuschreiben. Fügen wir endlich noch zu den vielfachen älteren und neueren Beobachtungen über die Wasseremissionen des Vesuvs oder des Aetna seit Strabos Zeit besonders die langjährigen Erfahrungen Breislaks über das beständige Aufsteigen reichlicher Wasserdämpfe aus den Spalten der Solfatara von Puzzuoli, die derselbe sogar mittelst Condensation zu Wasser für den Betrieb einer chemischen Fabrik zu nutzen verstand, so dürfte schwerlich das Magazin für diese Wassermengen in den Ansammlungen atmosphärischen Wassers zu suchen sein, die, wie früher A. v. Humboldt meinte, sich in grofsen unterirdischen Höhlungen vereinigen, und wir müssen vielmehr anerkennen, dafs die Lage der thätigen Vulcane auf Inseln und an Küsten, so wie umgekehrt der Mangel derselben in den Binnenländern zwei sich gegenseitig erklärende Phänomene sind, die mit den Bedingungen, unter welchen die feurigen Processe im Erdinnern sich dauernd erhalten können, in der innigsten Beziehung stehen. Doch ist es hierbei bemerkenswerth, dafs selbst Breislak trotz seiner genauen Kenntnifs der vulcanischen Erscheinungen in Süd-Italien sich noch mit Humboldt dafür entschied (Institutions géologiques. Milan. 1814. z. B. III, 52, 114,

ger Entfernung von den jetzigen Küstenländern stellenweise um so namhaftere Entwickelungen ausgezeichneter Laven gefunden, die sogar in ziemlich jugendlicher Zeit entstanden sein dürften, da ihr Ansehen hin und wieder höchst frisch ist, und weil mit ihnen einige noch nicht ganz erloschene Solfataren vorkommen. So genau folgt aber selbst in Africa das Auftreten der thätigen Vulkane den in anderen Erdtheilen erkannten Gesetzen in der Vertheilung derselben, daſs im Inneren des Continents selbst bisher noch nicht eine einzige bestimmte Spur eines in voller Wirksamkeit begriffenen Vulkans gefunden worden ist, und daſs selbst die Spuren erloschener nur äuſserst selten vorzukommen scheinen. Freilich fehlen fast alle historische Data über die Zeitepoche der letzten Ausbrüche aus den zum Theil gewaltigen Krateren im westlichen Shoa und in den an Shoa unmittelbar gränzenden Lande der Adáls, doch läſst sich schon aus der übereinstimmenden Beschaffenheit der vulkanischen Gesteine an beiden Seiten des Rothen Meeres, aus dem gleichmäſsigen Auftreten zahlreicher Kratere in denselben Gegenden und auf den zwischen liegenden Inseln, endlich aus dem Dasein zahlreicher warmer Quellen in Arabien, wie in Ost-Africa in Verbindung mit den neueren Nachrichten über das Vorkommen noch brennender Vulkane in Hadramaut und auf mehreren Inseln des Rothen Meeres mit Grund folgern, daſs die vulkanische Thätigkeit zu beiden Seiten des letzteren im innigen Zusammenhange steht und einem und demselben groſsen Heerde angehört, der vielleicht schon unter dem Persischen Meerbusen beginnt, sich auf der Südküste Arabiens in seinen Aeuſserungen bestimmter kund giebt und wiederum unter dem Rothen Meere bis in den Continent von Africa fortsetzt, unzweifelhaft aber seit Jahrhunderten in einer sicht-

---

125), das zur Bildung der Dämpfe nöthige Wasser nur als absorbirtes atmosphärisches anzusehen.

baren Abnahme seiner Productionskraft begriffen ist. Ist diefs richtig, so dürften uns die ziemlich vollständigen Berichte, die wir Arabischen Schriftstellern des Mittelalters über die letzten grofsen Eruptionen auf der Westseite der Arabischen Halbinsel im 13. Jahrhundert verdanken, ungefähr auch die Zeitepoche bestimmen, in welcher die gewaltigen Phänomene, die weite Strecken Ost-Africa's bewegten und auf ihrer Oberfläche mit mächtigen Lavamassen bedeckten, ihr Ende erreichten. Berichten nämlich auch einzelne Mittheilungen von Eingeborenen über bedeutende Lavaergüsse, die noch vor 30—40 Jahren aus Kratermündungen in Shoa stattgefunden hätten, so waren dergleichen Productionen doch sicherlich nur von sehr untergeordneter Bedeutung im Vergleiche zu denen, welche zwar in viel früheren Jahrhunderten, immer aber, wie die Frische der Schlacken zeigt, noch in einer verhältnifsmäfsig jugendlichen Zeit an die Oberfläche gelangten. Nach der Versicherung eines neueren Französischen Reisenden nach Shoa, Rochet, hat nämlich schon ein einziger der zahllosen dortigen erloschenen Vulkane, der Abidavulkan, einst eine so gewaltige Lavamasse ergossen, dafs deren Mächtigkeit den Complex aller aus den drei grofsen Vulkanen Süd-Europa's, dem Vesuv, Aetna und Stromboli hervorgegangenen Laven zusammengenommen übertrifft.

Die früheste mit Bestimmtheit ausgesprochene Ansicht über das Vorkommen noch thätiger Vulkane auf dem Festlande Africa's finden wir bereits im Beginne des 17. Jahrhunderts in dem grofsen Werke Mundus subterraneus des wohlbekannten und gelehrten Jesuiten Ath. Kircher, worin nicht weniger als 8 Vulkane im Continent und zwar vier als der Westküste Süd-Africa's (nämlich den Ländern Angola, Congo und Guinea) zwei der Ostseite Süd-Africa's (dem Lande des sogenannten Monomotapa) einer Nord-Africa (Kircher's Lybien) und der achte endlich als Abyssinien (Abassia bei Kircher) angehörig aufgeführt werden [1]. Aufser dem gebe es, wie derselbe Autor versichert, eine Menge Kratere (d. h. wohl erloschene) und Solfataren im Continent. Leider aber gibt derselbe weder von diesen, noch von den noch thätigen Vulcanen speciellere Kunde, doch läfst sich nicht bezweifeln, dafs Kircher's Angaben auf zuverlässigen Quellen beruhen, wenn man erwägt, dafs derselbe sich in allen seinen Schriften als ein wohl unterrichteter Autor zeigt, dem besonders als einem ausgezeichneten Gliede seines Ordens zu Rom mannigfache Quellen der Belehrung offen standen, die er, wie seine Versicherungen und seine Werke erweisen [2], in der That recht wohl zu nutzen verstand.

Neuere Zusammenstellungen über die vulcanische Thätigkeit auf dem Festlande Africas fehlten bisher. Ordinaire in seiner bekannten Geschichte der Vulkane führt nur die Stelle aus Kircher an. Hoff versicherte später ausdrücklich [3], dafs selbst diejenigen Gegenden, die von Europäern bereist oder gar angebaut worden sind, nicht die entferntesten Andeutungen über ihre vulcanische Beschaffenheit liefern, und nicht minder vermochte noch um dieselbe Zeit Poullet Scrope [4] nur anzugeben, dafs kein activer Vulcan auf dem Festlande Africas bekannt sei, weil man damals die Entdeckungsreisen nach der Ostseite des Continents noch nicht begonnen und selbst die Existenz des Cameronvulcans eben erst aus zwei einzelnen Notizen kennen gelernt hatte. Selbst in dem Werke Leop. v. Buchs über die Canarischen Inseln, worin die Spuren vulcanischer Processe auf der ganzen Erde mit dem mühsamsten Fleifse verfolgt und mit grofsem Scharfsinn ver-

[1] Ed. Amstellodami. 1678, 196.

[2] Praef. IX. und 72.

[3] Geschichte der durch Ueberlieferung nachgewiesenen natürlichen Veränderungen auf der Erdoberfläche. Gotha 1824. II, 462.

[4] Considerations on Volcanos. London 1825, 249.

knüpft wurden, findet sich noch keine Erwähnung thätiger oder erloschener Vulcane in Africa. Doch hat es bereits in sehr früher Zeit wenigstens eine, freilich von allen geographischen und geognostischen Autoren unberücksichtigt gebliebene Andeutung gegeben, dafs vulcanische Erscheinungen dem Continent nicht fehlen möchten, indem in der Charte zu dem Auszuge aus dem ältesten Werke von Lopez über die Zaireländer [1]) in de Brys bekanntem Werke: India Orientalis. Francofurti. 1624 zwei Male brennende Berge (Montes Quemados) an zwei ziemlich tief im Binnenlande und nördlich vom grofsen Coanzaflusse gelegenen Stellen vermerkt sind [2]). Einer dieser Punkte liegt, so viel aus der kleinen und zugleich sehr rohen Skizze abzunehmen ist, zwischen dem Dande und dem Bengo, zwei ostnordöstlich der Hauptstadt Angolas, Loanda in das Atlantische Meer mündenden Flüssen, der andere noch etwas nördlicher am Logéflusse. Auffallend ist es aber bei dem grofsen Mangel an Nachrichten über das Innere der Zaireländer, dafs diese Montes Quemados in keine spätere Charte aufgenommen wurden, indem sie sich weder auf Sansons Charte dieser Gegenden, die der Deutschen Uebersetzung von Cavazzis Bericht über Congo [3]) beigefügt ist, noch auf der zu Dappers bekanntem Werke über Africa gehörenden, ja nicht einmal auf d'Anvilles grofsen, mit sorgfältigster Benutzung der vorhandenen Mate-

---

[1]) Relatione del Reame di Congo et delle circonvicine contrade per F. Pigafetta. Roma 1591.

[2]) Da mir das höchst selten gewordene Lopezsche Originalwerk nicht zur Disposition steht, so vermag ich auch nicht anzugeben, ob de Brys Charte sich schon darin findet, oder nur durch de Bry hinzugefügt wurde. Der Portugisische Name Montes Quemados scheint jedoch für den älteren Ursprung der Charte zu sprechen.

[3]) Descrizione dei tre regni, cioe Congo, Matemba, Angola. Bologna 1678. Deutsch. München 1697.

rials entworfenen Charte von Africa [1]) aufgeführt finden. Man scheint hiernach die älteren Angaben nicht für sicher genug gehalten zu haben, um sie aufzunehmen, und in der That ist unsere Kenntnifs dieses Theils von Africa trotz eines 300jährigen Besitzes desselben durch die Portugisen und ungeachtet in der Nähe der Localität beider Montes Quemados sich beständige Portugisische Handelsposten, nämlich in der Nähe der ersten das Fort von Pungo Andongo, in der Nähe der zweiten das Fort St. José de Encoche (7° 30′ S. B.) unweit dem oberen Logéflusse zu befinden scheinen, so wenig vorgerückt, dafs es immer noch nicht möglich war, eine bestimmte Kunde über die Existenz der erwähnten brennenden Berge zu erlangen, da die älteren und neueren Portugisischen und anderen Berichte, die wir über das Innere der Zaireländer besitzen, eben so dürftig, als unzuverlässig sind [2]). Nur zwei neuere Mittheilungen,

---

[1]) Vom Jahre 1746.

[2]) Es ist mir ebenfalls unbekannt, ob das neuere, grofse mit Charten ausgestattete Werk über die Portugisischen Colonien, welches der Fregattencapitain Lopes de Lima unter dem Titel: Ensaios sobre a statistica dos possessoes portuguezas na Africa occidental e oriental por Lopes de Lima. Lisboa 1844—1846 begonnen hat, hierüber Nachrichten liefert, da dasselbe schwerlich bereits nach Deutschland gelangt ist. Nicht unmöglich wäre es ferner, dafs ein neuerer Aufsatz von Francisco de Salles Ferreira über den District von Pungo Andongo (Annaes maritimos e coloniaes. Parte não official. Lisbao 1846) sich darüber ausspräche. Eins der bisherigen Hauptwerke über Angola, das ebenfalls der neueren Zeit angehört, Cardozos Memoria contendo a biographia do Vice Almirante Lucz da Motta Feo o Torres o descripçao geographico et politico dos Reinos de Angola e de Benguela. Paris 1826 schweigt ganz darüber, wie diefs auch mit Bowdich in seiner bekannten Schrift: An account of the discoveries of the interior of Angola and Mozambique. London 1824 der Fall ist. Selbst die durch Bowdich mitgetheilte Charte des Portugisischen Oberst-Lieutenants Furtado erwähnt nicht im Mindesten brennende Berge in

die dadurch, dafs sie sich gegenseitig ergänzen und bestätigen und besonders dadurch, dafs sie ganz ohne Kenntnifs der älteren Angaben verfafst sind, das Gepräge der Wahrheit erhalten, geben hierüber einige Aufschlüsse. Die erste derselben findet sich bei dem bekannten, unwissenden, sicherlich aber nicht immer unglaubwürdigen Französischen Reisenden Douville, der aus eigener Anschauung versichert, SW. von Pungo Andongo und gegenüber dem Portugisischen Fort Cambambe, auf der Südseite und nahe dem Coanzaflusse ein beständiges Aufsteigen von Rauch und Flammen aus dem immensen, angeblich 1780 Toisen über dem Meeresspiegel erhabenen Gipfel eines Berges gefunden zu haben [1]. Gröfsere Eruptionen des letzteren sollen die Eingeborenen nach den von Douville eingezogenen Nachrichten nicht kennen, selbst Traditionen fehlen darüber so ganz, dafs der Berichterstatter veranlafst wurde, die dort vorkommenden Laven und die Ströme geschmolzener Massen für sehr alt zu erklären [2]. Stecke man jedoch die Hand in die Spalten dieses im Lande Moulondou oder richtiger Mouloundou Zambi, d. h. Berg Zambi genannten Berges [3], so lasse sich deutlich, wie Douville ausdrücklich versichert, erkennen, dafs fortwährend ein unterirdisches Feuer sich nahe der Oberfläche findet [4]. Von einem älteren Mann vernahm derselbe Reisende, dafs er und seine Aeltern stets hätten Flammen aus dem Berge aufsteigen sehen, und dafs zuweilen ein Getöse in der Tiefe

---

Angola, so wenig als in den ziemlich zahlreichen Berichten der älteren Italiänischen Missionare über diefs Land von vulcanischen Gesteinen oder vulcanischen Eruptionen die Rede ist.

[1]) Voyage à Congo. 3 Vol. Paris 1832. II, 217, 225, 228—233.

[2]) Ebendort. II, 230.

[3]) In der in Angola und Congo üblichen Bundasprache heifst nämlich Mouloundou oder Miloundou Berg (Cannecatim Diccionario da Lingua Bunda ou Angolonse. Lisboa 1804, 523).

[4]) A. a. O. II, 232.

des Zambi die Umwohner erschrecke und sie veranlasse, in diesem den Wohnsitz böser Geister und wiederum in dem Krater auf der Spitze den Eingang der Geister in die andere Welt zu vermuthen [1]), Fabeln, die auch bei anderen Feuerbergen und namentlich, wie noch erwähnt werden wird, bei einem im Rothen Meere fortwährend thätigen Vulcan, dem Dschebel el Teir, sich wiederholen. Dieses Aberglaubens wegen ist es wohl erklärlich, dafs der Berg, wie Douville ferner erfuhr, den Landesbewohnern ein Gegenstand des Schreckens ist, und dafs sie sich fürchten, sich ihm zu nähern, endlich dafs selbst die Portugisen und die Portugisisch redenden Eingeborenen ihm deshalb den Namen eines Geisterberges (Monte das Almas) geben, was nur eine Uebersetzung von Mouloundou Zambi sein soll [2]). In der That nennt ein neuerer Italiänischer Berichterstatter über Angola, Omboni, den Berg schlechtweg den Zambi [3]), und er bestätigt, obgleich er seine Angaben nur durch die dritte Hand empfing, die Nachrichten Douvilles, der selbst den Zambi untersucht haben will, in allen wesentlichen Punkten. Auch er theilt z. B. mit, dafs der Krater des Berges von Zeit zu Zeit Rauch und Asche ausstofse. Wenn Omboni aber hinzusetzt, dafs der Mouloundou Zambi seit vielen Jahren erloschen sei, und dafs selbst die Eingeborenen die Zeit seines letzten Ausbruchs gar nicht anzugeben wüfsten, und man damit

[1]) Ebendort II, 229. Die Bewohner eines am Zambi gelegenen Dorfes wiederholten die Mittheilungen des Greises an Douville über Flammenemanationen aus dem Krater des Zambi, die sogar Tag und Nacht hindurch fortdauern sollen (II, 217).

[2]) Douville II, 217 und 228. Cannecatim scheint die Angabe, Mouloundou Zambi bedeute in der Bundasprache Geisterberg nicht zu bestätigen, indem er Geist oder Seele (Alma) durch ein anderes Wort, durch Muenhu erklärt. Zamba heifst sonst in der Bundasprache Elephant.

[3]) Viaggi nell' Africa occidentale. Milano 1844, 389.

Douvilles Versicherung vergleicht, dafs die kleinen Rauchwolken am Gipfel weifslich sind [1]), so ist mit Grund anzunehmen, dafs der Krater des Zambi sich bereits in den letzten Stadien seiner Thätigkeit befindet und die Natur einer Solfatara besitzt, da bekanntlich die weifse Färbung vulcanischer Rauchwolken auf einen reichen Schwefelgehalt der letzteren hinweist [2]). Diese Folgerung wird noch durch Douvilles Angabe, dafs er an verschiedenen, selbst mehrere Stunden vom Berge entfernten Punkten über einander gehäufte Bimssteinmassen nebst Bimssteinconglomeraten [3]), welche stellenweise ganze Hügel bilden, gefunden habe, unterstützt, indem Solfatarenbildungen und Bimssteinvorkommnisse natürlich verknüpfte Phänomene sind, die einzig in Trachytgebilden möglich scheinen. Da endlich nach demselben Reisenden noch in 8 Stunden Entfernung vom Zambi eine grofse Menge Bimssteinfragmente in einem ziemlich groben Sande vorkommen [4]), und in derselben Gegend sehr feine Sandsteine auf dem Gipfel eines Berges erscheinen, endlich näher der Küste Granit und Gneus die Hügel bilden, so ist es deutlich, dafs in diesem Theile Africas, wie in Abyssinien und in Shoa die Basis des höheren Landes von krystallinischen Schiefern, körnigen Gesteinen oder Uebergangsgebirgsmassen, die Oberfläche dagegen wesentlich durch horizontal geschichtete, wahrscheinlich rothe Sandsteine gebildet wird, und dafs trachytische Kegel mit Krateren, aus denen einst Laven sich ergossen und zahllose Bimssteine ausgeworfen wurden, sich einen Weg durch den Sandstein an die Oberfläche

---

1) II, 230.

2) Von dieser Farbe sind z. B. die Schwefeldämpfe an der grofsen Solfatara von Puzzuoli (T. v. Charpentier Bemerkungen auf einer Reise von Breslau nach Pästum. 2 B. Leipzig 1820. II, 210).

3) II, 227, 228, 237.

4) II, 234.

gebahnt haben. Ist diefs, wie kaum zu zweifeln, richtig, so entsprechen die geognostischen Verhältnisse des Zambi genau denen bei dem Dörfchen Tacora in der Bolivischen Provinz Corangas, wo Pentland ebenfalls mitten im Rothsandsteingebiet, dessen Oberfläche von horizontalen Schichten gebildet wird, einen ausgebrannten Krater in der Nähe noch rauchender oder Flammen auswerfender Trachytkegel, trachytischer Conglomerate und von Solfataren antraf [1]. Die Vermuthung, dafs der Zambi ein Trachytkegel ist, scheint sich endlich selbst dadurch zu bestätigen, dafs Douville an dessen Abhängen weifse Gesteine mit durchsichtigen Lamellen erwähnt [2], indem hier, wie an der grofsen Solfatara von Puzzuoli und vieler anderen trachytischen Punkten häufig der Fall ist, die schwefligsauren Dämpfe die Gesteinmasse des Berges zersetzt und in weifsen Thon umgewandelt haben mögen [3], während die durchsichtigen glasigen Feldspathkrystalle des Trachyts kräftiger der Zersetzung widerstanden. Vielleicht, dafs auch die von dem Reisenden gefundene feinkörnige und gräuliche Lava eine trachytische war, indem er mit derselben kleine Fragmente von angeblichem weifsen Schörl (Rhyakolith?) [4]

---

[1]) Hertha von Berghaus. XIII, 21.

[2]) II, 228.

[3]) Es ist bekannt, dafs ein verdienstvoller Geognost des vorigen Jahrhunderts J. J. Ferber in seinen Briefen aus Welschland, Prag 1773, 190 und 191, bereits richtig die weifsen, kreideartigen Thone der Solfatara bei Puzzuoli von ehemaligen Laven und Aschen, die hier ganz und gar trachytischer Natur sind, abgeleitet und zugleich angenommen hat, dafs eine Zersetzung letzterer Substanzen durch heifse schwefelsaure Dämpfe, welche ihnen ihre jetzige Beschaffenheit verlieh, erst später erfolgte. In neuerer Zeit erwähnte diese weifse kreideartige Thone aufser anderen auch T. v. Charpentier in seinen vorhin erwähnten Bemerkungen auf einer Reise von Breslau nach Pästum. II, 211.

[4]) II, 234.

und ebendort in einer tiefen Hölung Granit mit rhomboidalen Krystallen von Feldspath antraf [1]), da, obwohl Douville an anderen Stellen seines Werks bestimmt von Trachyten spricht, es doch leicht möglich ist, dafs er diese hier mit Graniten verwechselt hat, ein Irrthum, der nicht eben hoch anzuschlagen wäre. Abstrahirt man von diesem kleinen und selbst nur muthmafslichen Fehler, so ist es immer merkwürdig, wie alle Angaben Douvilles über den Zambi unter einander und mit den allgemeinen Ansichten über die Natur der trachytisch vulcanischen Punkte im innigsten Einklange stehen, indem dann auch in Angola Solfataren, Bimssteine und Trachyte als zusammengehörende Erscheinungen desselben feurigen Processes in der Erdtiefe auftreten, während umgekehrt noch niemals meines Wissens sich Bimssteine aus Basalten oder basaltischen Laven entwickelt haben, und ebenso wenig je Solfataren anders als in Trachytkegeln gefunden worden sind. Deshalb ist es auch höchst wahrscheinlich, dafs die von dem erwähnten Reisenden an einem Theile des Zambi angetroffene Fülle von Puzzolanerde [2]) dieselbe trachytische Beschaffenheit, als die wahre Puzzolane aus der Umgegend Neapels besitzt. Bemerkenswerth ist zuletzt noch, dafs Douville hier theils leicht vom Feuer veränderte Bruchstücke älterer Gebirgsgesteine, theils bis zur Unkenntlichkeit umgewandelte, welche sämmtlich in Laven eingeschlossen waren, wahrnahm, und dafs die hier mit vulcanischen Substanzen gemengten marinen Muscheln schon unseren Reisenden zu der Vermuthung bewogen, es seien diefs Auswürflinge mariner Produkte aus dem Vulcan, wogegen die ähnlichen Vorkommnisse in den Trachyttuffen von Ischia und bei Puzzuoli seit längerer Zeit bekanntlich die Geognosten zu der Ansicht geführt haben, dafs die marinen Mollusken-

---

[1]) II, 234.

[2]) II, 232.

schalen an ihren Standplätzen selbst durch Ejectionen submariner Vulcane eingeschlossen wurden.

Ob es noch andere Vulcane oder Solfataren in der näheren Umgebung des Zambi gibt, ist unbekannt, doch darf bis zu weiteren Nachrichten nicht unbeachtet bleiben, dafs sich rund um den schon erwähnten Portugisischen Handelsposten von Pungo Andongo eine eigenthümliche und aufserordentliche Entwickelung anscheinend vulcanischer oder plutonischer Felsen findet, die wegen ihrer schwarzen Farbe bei den Portugisen den Namen der Pedras negras erhalten haben und Veranlassung waren, dafs selbst der zu diesem Posten gehörige District den Namen des Bezirks von Pungo Andongo oder auch schlechtweg den der Pedras Negras erhielt [1]), wogegen der einzige Europäer, der sie in älterer Zeit gesehen, beschrieben und gezeichnet hat, der schon genannte Cavazzi, sie die Felsen von Maopongo nennt [2]). Ueber die Weise ihres Auftretens differiren die Berichte. Indem der ebenerwähnte Berichterstatter versichert, sie bedeckten eine Fläche von nicht weniger als 27 (Italiän.?) Meilen und träten in den abentheuerlichsten Formen auf, erfahren wir durch Douville [3]) und Omboni [4]), dafs die Felsen nur eine Art von Kranz (enceinte) bilden, den beide jedoch ausdrücklich für die gigantischen Reste eines erloschenen

---

[1]) Cardozo 354. Omboni 122, 395.

[2]) A. a. O. 923.

[3]) I, 320 und II, 237.

[4]) S. 122. Die Uebereinstimmung des Berichts von Omboni über den Zambi mit dem von Douville erwähnte ich bereits. Gleiches gilt von den Nachrichten beider über Pungo Andongo, und es scheint deshalb sehr mifslich, Douvillen grade wegen der Uebereinstimmung seiner Angaben mit denen des viel späteren Omboni Vertrauen zu schenken. Berücksichtigt man indessen, dafs der letzte Berichterstatter lange genug zu Loanda gelebt hat, um über die Glaubwürdigkeit seines Vorgängers, falls

Kraters erklären. Das gleichzeitige Vorkommen von Fragmenten vulcanischer Gebirgsarten in dieser Gegend be-

---

er denselben kannte (er erwähnt ihn nämlich nirgends) Aufschlufs zu erhalten, so glaube ich grade in solchen Entlehnungen Ombonis aus Douville einen Grund zu finden, diesem selbst in Bezug auf solche Gegenden Glauben beimessen zu dürfen, wohin jener gar nicht gelangte. Die mehrfachen genauen Angaben, die wir Omboni über die Portugisischen Besitzungen in West Africa verdanken, erweisen übrigens, dafs ihm auch anderweitige gute Quellen zu Gebot standen, und so ist es kaum zu glauben, dafs das harte Urtheil, welches wie mir nicht unbekannt ist, D. Cooley in seiner scharfen Kritik über das Douvillesche Werk im Foreign Quaterly Review von 1832 und später sogar auch eins der einflufsreichsten Mitglieder der Commission der Pariser Geographischen Gesellschaft, auf deren Antrag letztere einstimmig dem Reisenden ihren grofsen Preis zuerkannt hatte, nämlich Eyriès, über denselben fällte (Nouvelles Annales des Voyages 1840. 1, 53, wo Douville öffentlich als grober Lügner gebrandmarkt wird) völlig richtig ist. Mögen auch Cooleys Ausstellungen in vieler Hinsicht gegründet sein, und selbst Unregelmäfsigkeiten sich in die Redaction der Tagebücher Douvilles eingeschlichen haben, ja manches Material mehr von einem unterrichteten Portugisen, (wie es scheint, dem nach Pungo Andongo exilirten Staatsgefangenen Candido d'Almeida Sandoval. Voyage I, 324), als von Douville selbst herrühren, so ist doch kaum zu zweifeln, dafs das Werk desselben, wie selbst Eyriès später noch zugab, einen guten Kern von Beobachtungen enthält, indem manche Angaben darin durch die neuere Schrift von Tans über Angola sowohl, als auch durch die verschiedenen, in den letzten Jahren publicirten Aufsätze der zu Lissabon erschienenen Zeitschrift Annaes maritimos e coloniaes 1840 — 1846 ihre Bestätigung erhalten. Zu den inneren Gründen für die Wahrhaftigkeit des Reisenden glaube ich aber vorzugsweise diejenigen rechnen zu dürfen, welche sich aus dessen von Cooley gänzlich unberücksichtigten geognostischen Angaben ableiten lassen. Erweisen nämlich einige derselben eine entschiedene Unwissenheit Douvilles z. B. die Erwähnung von weifsem Schörl und Lavenmarmor, so ist allerdings schwer anzunehmen, dafs ein geübter Geognost

wog zugleich mit vielen anderen Anzeichen den ersten der beiden Reisenden von den im Lande berühmten Felsen die Vermuthung auszusprechen, sie dürften wohl die gigantischen Reste einer Bergmasse sein, die durch irgend eine grofse Catastrophe der Natur zerstört worden wäre. Nur fünf spaltenartige Eingänge sollen einen Zutritt in das Innere des Kranzes gestatten, alle übrige aber nicht passirbar sein. Die innere Peripherie des letzteren, der selbst aus 8 ungeheuren, senkrecht abgeschnittenen fast 400 Fufs hohen und angeblich granitischen Felsmassen besteht, schätzt Douville auf etwa eine halbe Stunde. In

---

bei der Redaction seiner Reisebeschreibung mit der Absicht zu täuschen betheiligt war. Ein solcher hätte sich ohne Zweifel nicht die günstige Gelegenheit nehmen lassen, die Bemerkungen über das Vorkommen von Bims- und Alaunstein, von Obsidian, Trachyten und Puzzolanen, weifsen Thonen, Laven, Schwefeldämpfen und Schwefelmassen unter allgemeinen Gesichtspunkten zusammen zu fassen und namentlich die Uebereinstimmung der hiesigen Verhältnisse mit den bekannten ähnlichen bei Puzzuoli, in Island, auf den Liparischen oder Griechischen Inseln hervorzuheben, während nunmehr die sonst ganz interessanten geognostischen Bemerkungen des Reisenden völlig isolirt und ohne die mindeste Prätension dem Reisewerke eine höhere wissenschaftliche Bedeutung verleihen zu wollen, da stehen. Es ist übrigens sehr zu beklagen, da der Bericht der Pariser Commission ausdrücklich von den durch Douville aus Angola mitgebrachten Mineralien, Pflanzen und Thierhäuten (dépouilles Voy. I, XXIV) spricht, dafs kein Glied der Commission oder auf deren Betrieb selbst nicht einmal ein anderer Pariser Naturforscher diese Gegenstände untersucht hat, da sicherlich Data genug zur Bestimmung der Glaubwürdigkeit des Reisenden daraus sich ergeben hätten. Douvilles eigene spätere Schrift zur Rechtfertigung seines Characters genügte freilich gar nicht, und so ruht auf demselben noch immer das ganze Gewicht der gegen ihn gemachten Angriffe, da Niemand es bisher versucht hat mit Hülfe des vorhandenen Materials deren Wirkung zu entkräften.

einiger Entfernung traf endlich derselbe noch auf zerstreute, sichtlich von einer anderen Stelle herbeigeführte lose Granitblöcke, die auf einem Boden von abweichender geognostischer Beschaffenheit aufruhen, und endlich behauptete auch Douville in letzterem viele Bruchstücke von Gebirgsarten mit deutlichen Spuren einer feurigen Einwirkung gefunden zu haben, wogegen andere, die vom Feuer ebenfalls einst bearbeitet waren, durch einen späteren Angriff mittelst Wasser wiederum so verändert erschienen, dafs ihre vulcanische Natur nicht mehr zu erkennen war. Es ergibt sich hieraus, dafs die Oberfläche rings um den Kranz wesentlich von Conglomeraten gebildet wird, und, da die Erfahrung lehrt, dafs dergleichen Trümmergebilde am Fufse von Vulcanen nie granitischer, häufig aber trachytischer Beschaffenheit sind, so ist mit Grund anzunehmen, falls es hier wirklich bestimmte Reste vulcanischer Thätigkeit gibt, dafs die petrographische Beschaffenheit der Producte der letzteren von dem Französischen Reisenden verkannt wurde, und dafs derselbe Trachyte mit Graniten verwechselte, wenn er auch an anderen Stellen seines Werks ausdrücklich erstere Gesteine aufführt. Diesem gemäfs wäre also der Kranz mit Douville und Omboni für einen grofsen, erloschenen und durch mehrere gewaltige Querspalten bis auf die Sohle aus einander gerissenen Krater anzusehen [1]). Mitten in den Conglomeraten fand noch Ersterer Stücke von Kupfer und Schwefelkies, was Omboni zu wiederholen scheint, indem auch er von dem Gehalt des hiesigen Gesteins an Schwefelkies und anderen Metallen spricht, die Aufmerksamkeit verdienen sollen.

Die Vermuthung, dafs ein Trachytzug sich im Inneren Angolas verbreitet und vielleicht selbst über Pungo An-

---

[1]) Ist diese Ansicht richtig, so stimmt die Lage Pungo Andongos genau mit der der Stadt Adén in Arabien überein, welche nach neueren Berichten bekanntlich ebenfalls auf der Sohle eines ungeheuren erloschenen Kraters liegt.

dongo hinaus in nördlicher Richtung bis in die Nähe des Zaire erstreckt, scheint besonders darin ihre Stütze zu finden, dafs in den angeblich wesentlich aus Conglomeraten bestehenden Hügelzügen zwischen dem Zambi und Pungo Andongo nach Douville Spuren von Schmelzung und Bimssteinfragmente vorkommen, aber auch darin, dafs der ebengenannte Reisende sogar in weiter Entfernung vom Coanza und nördlich Pungo Andongo in den sogenannten Pembabergen [1]) mit Ablagerungen von Bimsstein Alaunstein

---

[1]) Dieser von Douville (II, 317) einem wenigstens 7 Stunden langen, unweit dem Logéflusse gelegenen Bergzuge gegebene Name Pemba scheint eine in der Bundasprache gültige allgemeine Bezeichnung schroff aufsteigender Felsen oder vielleicht noch allgemeiner ein Wort für alle hochgelegene Landstriche, aber kein bestimmter Eigenname zu sein. Für Erstes spricht namentlich, seitdem neuere Forschungen die Verbreitung eines und desselben Sprachstammes durch die ganze Breite der Südhälfte des Continents erwiesen haben (Latham Report. of the British association for the advancement of Science. London 1847, 189—196), die interessante Angabe des bekannten Französischen Reisenden Abbaddie, dafs bei den Bewohnern der Ostseite Süd-Africas Pemba Horn bedeute (Bull. de la soc. de Geogr. de Fr. 3. Sér. XV, 225), ferner der Umstand, dafs die an der Ostküste zwischen Zanzibar und Kilwa (Quiloa) gelegene Pembabay, wie ich von Hrn. Dr. Peters, der sie besuchte, erfahre, durch hohe Felsen umschlossen werde. Nicht selten erscheint dieser Name auch auf der Westseite, wo namentlich bereits der älteste Berichterstatter über die Zaireländer, der erwähnte Lopez (bei de Bry a. a. O. 6) und später der Jesuit Carli einen Distrikt des Binnenlandes südlich vom Zaire, der sicherlich gebirgig war, da ihn Carli als erzreich aufführt, Namens Pemba kennen. Aufser den erst genannten Pembabergen Douvilles erscheint übrigens auf dessen Charte noch eine zweite denselben Namen führende Localität in der unmittelbaren Nähe der von älteren Berichterstattern über die Zaireländer gleichfalls als Bergland geschilderten Landschaft Bamba. Berücksichtigt man nun, dafs in diesen Gegenden Gebieten von gleicher Beschaffenheit der Oberfläche ganz ähnliche

und sogar Perlstein gleichzeitig mit Entwickelungen schwefliger Dämpfe gefunden zu haben versichert [1]). Ist dies richtig, so dürften auch Lopez zweite Montes Quemados als brennende oder erloschene Kratere diesem Trachytzuge angehören. — Douvilles Glaubwürdigkeit wurde besonders in Hinsicht seiner späteren grofsen Expedition tief in das Binnenland angegriffen, wobei er angeblich noch im Norden des Zaire und zwischen dem 4 und 5° N. B. einen grofsen See [2]) Namens Couffoua mit so merkwürdigen Eigenthümlichkeiten angetroffen hatte, dafs schon er denselben für einen vulcanischen erklärte [3]). In der That aber, be-

---

Namen gegeben werden und dafs noch weiter im Süden sich dieselben Benennungen wiederholen, indem z. B. im SO. Benguelas nach den durch Bowdich (a. a. O. 60) mitgetheilten Portugisischen Documenten ein Gebirge Bumbo vorkommt, so ist wohl für gewifs anzunehmen, dafs alle diese Namen Bamba, Pemba und Bumbo nur dialektische Verschiedenheiten desselben Worts aus dem grofsen süd-africanischen Sprachstamm sind, das, wie angegeben, hoch gelegene Landstriche, hohe Berge oder hochansteigende Felsen bedeuten mag. Freilich ist es mir nicht gelungen diefs aus Cannecatims Wörterbuch zu beweisen.

[1]) II, 317, 318. Lieferte früher auch schon das Auftreten des Alaunsteins in Armenien, am Mont Dor, im Beregher Comitate Ungarns und zu Tolfa alle Data zu der Annahme, dafs derselbe nur ein Umbildungsproduct ächt vulcanischer und namentlich trachytischer Massen mittelst schwefligsaurer Dämpfe ist, so wird diefs noch mehr dadurch bestätigt, dafs in neuerer Zeit ebenfalls auf Amboina Alaunsteine aufser mit Trachyten, sogar in Begleitung noch viel entschiednerer vulcanischer Gesteine, nämlich mit Obsidianen, also unter fast denselben Verhältnissen, wie in den Pembabergen gefunden wurden (Cordier sur les collections de l'Astrolabe in Boué, Jobert et Rozet Journal de Géologie. Paris 1830. I, 24). Hiernach ist also nicht zu zweifeln, sofern nur Douvilles Angaben verläfslich sind, dafs auch die eben genannten Berge einst einen Schauplatz einer unterirdischen feurigen Thätigkeit abgegeben haben.

[2]) Voy. III, 22—32.

[3]) Die von dem Reisenden angegebene Gröfse des Coffoua zu

rücksichtigt man die schon vorhin mitgetheilten Angaben des Reisenden über das Erscheinen vulcanischer Phänomene und Producte im Inneren Angolas in Verbindung mit dem gleich noch zu erwähnenden bedeutenden Auftreten vulcanischer Massen und Berge hart an der Meeresküste und unter gleicher nördlicher Breite mit dem Couffouasee in dem gewaltigen Cameronstocke, so ist wenig zu zweifeln, dafs selbst in dieser Hinsicht Douvilles Schilderung Vertrauen verdient. Sie stimmt namentlich so merkwürdig schon mit den Mittheilungen aus dem Alterthum über die bekannten vulcanischen Seen, den Avernersee und das Todte Meer [1]) überein, dafs ich darin gleichfalls einen Grund für die Glaubwürdigkeit des auch in andern wissenschaftlichen Gebieten sichtlich sehr unwissenden Reisenden finde. Ihm zufolge wird nämlich der Couffoua von hohen, bis 150 Toisen über seinen Spiegel ansteigenden Bergen umschlossen, und es sollen einzelne Felsnadeln auf der oberen, sehr eingerissenen Kante sich sogar bis zum Drei-

---

20 Stunden Länge und 10 Stunden Breite (III, 28) dürfte übrigens ganz und gar nicht der Annahme, dafs derselbe ein vulcauischer See sei, hindernd im Wege stehen, indem in Abyssinien und selbst südlich davon eine ganze Reihe von Seen und sogar die gröfsten, wie der gewaltige Zana oder Dembeasee und der Haik in Nord Abyssinien, ferner der dem Zana muthmafslich nicht nachstehende Zouaiesee, gelegen in dem an Shoa gränzenden District Gurague, nach denn Asichten Europäischer Reisenden, die sie besuchten und nach den Traditionen der Landesbewohner ebenfalls auf vulcanischem Wege, entstanden sein soll.

[1]) Cluverii Italia antiqua. Lugduni Batav. 1624. II, 1126—1136, worin die verschiedenen aus dem Alterthume stammenden Berichte Diodors, Strabos, Virgils u. a. über den merkwürdigen vulcanischen Averner See bei Neapel sich gesammelt finden, dann Strabo in seinen mit den eben erwähnten ganz übereinstimmenden Nachrichten über die vulcanische Natur der Umgebung des Todten Meeres (Ed. Casaub. II, 764).

fachen der Höhe erheben, während zugleich die Seiten der Berge durch tiefe Risse zerschnitten sind. Das Gestein dieser Ringwälle um den See besteht aus Bimssteinconglomeraten und anderen durch ein glasiges Bindemittel vereinigten vulcanischen Substanzen, Bimssteinstücken, die ebenfalls durch eine aus zerriebenem Bimsstein bestehende Substanz verbunden sind, Trachytconglomeraten von schwarzer Basis, zersetzten Laven, schwarzen Schlacken rauhen Anfühlens und mit gedrehten Zellen, Schwefelabsätzen in den Hölungen des Gesteins, endlich an der Nordspitze des Sees aus sehr leichten, mattweifsen und mürben Gesteinen hier begleitet von so ansehnlichen Emanationen erstickender Schwefeldämpfe, dafs ein Theil der Berge dieser Gegenden bei den Landesbewohnern den Namen der stinkenden (Mouloundou gia caiba risumba) führt. Berücksichtigt man hierbei noch, dafs das Wasser des Couffoua so stark mit Bitumen imprägnirt sein soll, dafs kein Thier darin lebt, und dafs selbst die Umgebungen des Couffoua sehr traurig sind, ja dafs sogar dessen Oberfläche mit einer dicken Bitumenkruste angeblich bedeckt ist, so ist nicht zu verwundern, dafs die Landesbewohner in ihrem Aberglauben sich dem See überhaupt nicht zu nahen wagen und dafs sie demselben seinen Namen, der in ihrer Sprache todt bedeutet [1]), besonders auch wegen seiner tödtlichen Einwirkung auf organische Wesen gegeben haben [2]).

---

[1]) Douville II, 373, was Cannecatim bestätigt (524).

[2]) III, 25. Besonders bemerkenswerth ist endlich hierbei, dafs Douville ein ganz ähnliches Fliefsen von Bitumen aus den Felsmassen am Couffoua beobachtet zu haben scheint, als Strabo bereits an den Rändern des Todten Meeres angab und hier mit den rauhen, unterfeurigen Lavenströmen und stinkenden, siedenden Bächen als einen Beweis des ehemaligen vulcanischen Zustandes des Landes ansah. Ist es endlich bekannt, dafs die Erdölausströmungen in neuerer Zeit besonders durch Virlet nach seinen Untersuchungen in Griechenland (Bulletin de la société géol. de France IV, 203) für ein ausgezeichnetes

Westlich von diesem Punkte und fast genau in derselben geographischen Breite, also ebenfalls nördlich vom

---

Product feuriger Processe in der Erdtiefe erklärt wurden, und dafs ebenso die ungemein häufigen Erscheinungen derselben Art in den vulcanischen Gebieten Islands, Siciliens, Javas, Japans und der Limagne bei Clermont zu gleichen Ansichten führten, so müssen mit Recht auch die Vorkommnisse des Erdöls am Couffoua als eine weitere Bestätigung der schon aus dem Vorkommen der dortigen Laven abzuleitenden Ansichten bezüglich einer Verbreitung der vulcanischen Phänomene Angolas selbst über den Zaire hinaus nach Norden gelten. Auch deshalb ist es zu beklagen, dafs Douvilles Mineralien zu Paris nicht untersucht worden sind, da sich wahrscheinlich darunter Gebirgsarten vom Zambi, von Pungo Andongo, von den Pembabergen und vom Couffoua als den vier geognostisch interessantesten Localitäten, welche der Reisende im Binnenlande kennen lernte, gefunden haben, und weil sich durch dieselben jene muthmafsliche Ausdehnung des vulcanischen Zuges gründlicher hätte erweisen lassen. Berücksichtigen wir aber auch nur die vorhandenen Nachrichten, über die Form und die geognostische Beschaffenheit des Binnenlandes dieser Gegenden Süd-Africas, so wird es klar, dafs am Couffoua, wie am Zambi die Eruption der vulcanischen Massen mitten in einem ausgedehnten Sandsteingebiet stattgefunden haben dürfte. Indem nämlich rothe und weifse Sandsteinmassen an den Küsten Angolas auftreten (Annales maritimes et coloniales. Partie non offic. Paris 1845. Partie non offic. II, (bis) 236, 256, 315) und ferner Douville selbst in den entferntesten Punkten seines Zuges Ebenen (III, 229) Sandsteinschiefer und gelben Sandstein (III, 10) kennen lernte, ergibt sich bereits eine merkwürdige Uebereinstimmung in dem geognostischen Bau dieser äquatorialen Theile des Continents mit den tiefer im Süden im Caplande und sogar den im Innern Nord-Africas liegenden Landstrichen, weil wo nur irgend Reisende in letztere eingedrungen sind, überall eine weite Verbreitung rother oder gelber Sandsteine mit horizontaler Schichtung und der ausgedehntesten, ebenen, baumlosen oder selbst wüsten Oberfläche angetroffen wurde. Mit Grund dürfen wir aber daraus schliefsen, dafs selbst da, wo Sandsteine im Binnenlande Süd-Africas durch directe Beobachtung nicht bekannt sind, deren Verbrei-

Zaire ist uns in neuerer Zeit ein zweiter sehr interessanter vulcanischer Punkt in dem unmittelbar vom Meere aus

---

tung nach den Angaben der Reisenden über das Vorkommen ausgedehnter, wüster und menschenleerer, aber durch nomadische, grofse Thierheerden und Straufse bevölkerter Landstriche angenommen werden kann. So erfahren wir z. B. durch den neuerlichst publicirten Bericht zweier einheimischen Handelsagenten über ihre Reise durch die ganze Breite des Continents von Angola bis zum oberen Zambese, dafs dieselben fast durchweg öde, menschenleere Landstriche mit grofsen Thierheerden, namentlich aus Zebras und Straufsen bestehend, durchzogen sind (Annaes mar. e col. Parte não offic. 1843. III, 179, 182, 186, 288, 294. IV, 190), ferner durch Douville in merkwürdiger Uebereinstimmung damit, dafs Straufsenfleisch häufig auf die Märkte des schon im innersten Binnenlande wohnenden grofsen Moulonavolks kommt (III, 63), endlich aus einer ebenfalls zuerst in den letzten Jahren bekannt wordenen Notiz eines älteren Portugisischen Schriftstellers und Reisenden, Manuel Godinho (Relaçao da Viagem da India que fez por terra para Portugal o Padre Manuel Godinho. Lisboa 1842 in den Münchener Gelehrten Anzeigen. 1844. I, 1005), dafs sich in der Wüste Aethiopiens und zwar etwa 250 (Portugisische) Meilen entfernt von Angola ein gewaltiger 15 Meilen breiter und seiner Länge nach unbekannter See (vielleicht der Couffoua selbst) befinde. Erinnern wir uns hierbei noch, dafs in den tiefer im Süden des Continents gelegenen gewaltigen, wüsten und von horizontal geschichteten Sandsteinen gebildeten Ebenen durch Lichtenstein äufserst zahlreiche Heerden von Antilopen, Quaggas und Straufsen angetroffen wurden (Reisen im südlichen Africa in den Jahren 1803, 4, 5 und 6. 2 B. Berlin 1812. II, 241), und dafs im nördlichen Africa mit dem Beginnen der Sahara sofort auch gelbe und rothe horizontale Sandsteine zugleich mit gesellig lebenden Antilopen und Straufsen erscheinen (Bulletin de la soc. de Geogr. de France. 1845. III, 125), so ist schwerlich die Folgerung abzuweisen, dafs selbst in den Aequatorialgegenden Africas die Oberfläche mit dem übrigen Binnenlande geognostisch übereinstimmend construirt ist, und dafs überall, wo hier plutonische oder vulcanische Gebilde in der Vorzeit oder neuerlichst an die Oberfläche gelangten, diefs

bis fast in die Schneeregion ansteigenden gewaltigen Cameron Bergstock bekannt geworden, der sich zwischen dem Königsflusse (Rio del Rey) im Norden und dem Cameronstrome (Rio del Kamerones) im Süden ausdehnt. Der Erste, der einen Vulcan in den Cameronbergen erwähnt, freilich ohne etwas Weiteres hinzuzufügen, war der Engländer James M'Queen, der sich viele Jahre hindurch mit Forschungen über das innere Africa beschäftigte und in seiner im Jahre 1821 erschienenen Schrift: A Geographical and commercial view of Northern Central Africa. Edinburgh. S. 158, ohne seine Quelle anzugeben, die Existenz eines erloschenen Vulcans in den angegebenen Bergen berichtete [1]. Auffallender Weise sagt dagegen ein anderer Englischer Schriftsteller Robertson, der einst selbst mehrere Jahre in Handelsangelegenheiten an der Küste von Guinea zugebracht hatte, in seiner nur wenig früher erschienenen Schrift: Notes on Africa. London 1819 gar nichts von dem Vulcanismus der Cameronberge, obgleich er diese wohl erwähnt; doch fand Mac Queens Mittheilung schon fast unmittelbar darauf, nämlich im Jahre 1822 ihre Bestätigung durch den Dänischen Schriftsteller Monrad, der im Beginne des laufenden Jahrhunderts sich gleichfalls mehrere Jahre auf der Guineaküste als Pfarrer bei den dortigen Dänischen Factoreien aufgehalten hatte [2]. Lei-

---

nur innerhalb des Sandsteins geschah. Ist diefs, wie fast nicht zu zweifeln richtig, so ergibt sich, dafs die vulcanischen Gebilde der Zairegegenden sich nicht allein gleich den ähnlichen Phänomenen in Bolivien, sondern auch, wie die vulcanischen in den Rocky Mountains Nord-Americas verhalten, und dafs sie selbst zu den in dem weiten Umfange Abyssiniens und Shoas inmitten der ausgedehntesten, durch rothe und weifse Sandsteine gebildeten Hochebenen auftretenden vulcanischen Phänomenen das passendste Seitenstück abgeben.

[1]) S. 157 und 158.

[2]) Bidrag til en Skildering af Guinea Kysten og dens Indbyggere. Kiöbnhaven 1822, 330.

der besuchte Monrad die Cameronberge nicht selbst, doch theilte er wenigstens nach den Mittheilungen glaubwürdiger Europäer, wie er ausdrücklich bemerkt, mit, dafs einer der dortigen Berggipfel Feuer auswerfe, und er fügt hinzu, dafs ihm dasselbe später noch durch einen Mulatten, der eine Zeitlang auf der dortigen kleinen, dem hohen hiesigen Küstenlande vorliegenden Insel Bimbia gewohnt habe, aus eigener Wahrnehmung bestätigt worden sei. Dennoch hielt sich Monrad nicht für berechtigt, diese Angabe sofort als richtig anzunehmen, bis nicht Europäer Zeugen eines Ausbruchs gewesen seien, indem er es wohl für möglich hielt, dafs das nur von der See aus gesehene Feuer eins der gewöhnlichen, selbst in diesen Theilen des Continents der Cultur von Landstrecken vorangehenden Holz- und Grasbrände gewesen sein möge [1]). Viel bestimmtere Nachrichten aber über die vormalige und vielleicht noch jetzt fortdauernde vulcanische Thätigkeit in den Cameronbergen verdanken wir der Englischen Untersuchungsexpedition, welche unter der Führung des Capitain Owen mehrere Jahre mit der genauen Bestimmung der Küsten Africas zubrachte und namentlich auch die den Cameronbergen zunächst gelegene Biafrabay besucht hatte. Nach Owens Bericht [2]), womit auch der seines Gefährten, des damaligen Lieut. Boteler im Wesentlichen übereinstimmt [3]), erheben sich die Camerons als ein staunens-

---

[1]) Monrad setzte nicht ohne Grund in die Aussagen der Eingeborenen Mifstrauen; bewirkte ja auch in neuerer Zeit Rüppell ausdrücklich (Reise nach Abyssinien II, 155) aus eigener Anschauung, dafs in Abyssinien die Waldbrände den prachtvollen Anblick eines Vulcans im Augenblick seiner vollen Thätigkeit, wenn er breite Lavenströme ergiefst, bestens versinnlichen.

[2]) Narrative of voyage to explore the shores of Africa, Arabia and Madagascar. 2 Vol. London 1833. II, 364—365.

[3]) Narrative of a voyage of discovery to Africa and Arabia. 2 Vol. London 1835. II, 461, 470 u. s. w.

werthes Hochland bis zu 13000 Fufs über den Meeresspiegel [1]), eine Angabe, welche merkwürdig wenig von der sehr alten abweicht, die wir dem bekannten Holländischen Autor des 17. Jahrhunderts Dapper [2]) in seinem grofsen und durch die Benutzung vieler handschriftlichen Quellen besonders verdienstvollen Werke über Africa verdanken. Dapper sagt nämlich, dafs in dem hohen Lande der Amboser, wie damals die Cameronberge genannt wurden [3]), einer der Berggipfel bis zu der Höhe des Piks von Teneriffa ansteige [4]). Mit Recht nannte deshalb der erwähnte Robinson diese Berge die höchsten der West-

---

[1]) Boteler gibt aber dafür die specielle Zahl von 13250 F. an, was erweist, dafs eine wirkliche Messung stattgefunden hat.

[2]) Naikeurige Beschrivinge der Afrikansche Gewesten. Amsterdam 1668. 512.

[3]) Die erste Kenntnifs der ungemeinen Erhebung dieser Küstengegend dürften wir Portugisischen und Spanischen Seefahrern und Sclavenhändlern, die bis in die neueste Zeit einen bedeutenden Verkehr mit den Landesbewohnern betrieben, verdanken. Diefs scheint sich namentlich auch daraus zu ergeben, dafs ein Französischer Seefahrer aus dem Ende des sechzehnten Jahrhunderts Grazilhier das Camerongebirge mit den Spanischen Worten: tierra alta de Ambozes bezeichnete (Ashley a new general collection of voyages and travels. London 1746. III, 119).

[4]) In neuerer Zeit behauptete Mac Queen (a. a. O. 157), dafs der hohe Pik der Camerons sogar noch höher als der auf Teneriffa sei, und er schätzte dessen Erhebung sowohl daraus, dafs der Gipfel jeden Morgen mit frischem Schnee bedeckt sei, als auch aus der geringen Breite der Lage dieser Gegenden zu 16000 Fufs, eine Angabe, die freilich viel höher, als die von Owen und Boteler mitgetheilte ist, aber nicht ganz von der Wahrheit abweichen mag, wenn man berücksichtigt, dafs nach Mac Queen der Pik bei klarem Wetter sogar in 200 Englischen (etwa 45 Deutschen) Meilen Entfernung zu sehen sein soll. Für die sehr bedeutende Höhe desselben spricht übrigens der Umstand, dafs auch Monrad erfuhr, dafs der Gipfel des Pik durch eine Schneedecke glänzend sei (a. a. O. 330).

küste des Continents, indem sie noch die des Maroccanischen Atlas an Höhe zu übertreffen scheinen, wenn sie auch nicht ihrer Lage wegen, wie letztere, in die ewige Schneeregion reichen. Sehr bemerkenswerth ist aber besonders das plötzliche Ansteigen derselben sowohl von ihrer nördlichen Begränzung am Königsflusse, wie von ihrer südlichen vom Cameronflusse aus, da ein solches gewöhnlich nur bei Gebirgszügen vorzukommen pflegt, die ihre Entstehung den gewaltig aus der Erdtiefe wirkenden Kräften, nicht aber neptunischen Ablagerungen verdanken, und in der That finden wir, wie gleich erwähnt werden soll, die Ansicht über die Bildung der Cameronberge durch einen vulcanischen Hebungsprocefs bei fast allen neueren Beobachtern, welche dieselben durch eigene Anschauung kennen lernten, vertreten. Unter diesen bemerkte zuvörderst Owen einen braunen, auf der Ostseite der Berge gegen die See laufenden Rücken, der in kurzer Entfernung davon, wie von Lava gebildet erscheine, und in vollständiger Uebereinstimmung hiermit berichtete auch Boteler, dafs an einer Stelle derselben Ostseite ein schmaler, aber wohl bestimmter Streif, der in geringer Entfernung betrachtet einem seit einiger Zeit nicht mehr fliefsenden Lavastrom gleiche, seine Richtung gegen die See nähme. Viel bestimmter und lehrreicher sind aber in dieser Hinsicht die neueren Beobachtungen des Capitain Allan [1], eines mit diesen Küstenstrichen Africas durch längeren Aufenthalt wohl bekannten und unterrichteten Englischen Seeofficiers gewesen, indem derselbe ausdrücklich berichtet, es gäbe hier eine sehr verbreitete Meinung, dafs an der Ostseite der Cameronberge ein Lavenstrom vor einiger Zeit herabgeflossen sei, und indem derselbe gleichzeitig das Auftreten von Schlacken,

[1]) Journal of the Geogr. Soc. of London. 1843. XIII, 15 und desselben Berichterstatters Werk: A narrative of the expedition of the River Niger in 1841. 2 Vol. London 1848. II, 284—275.

rothbraunen, vulcanischen Aschen und zahlreichen bis zur See herabziehenden Lavenströmen in der Nähe des bei den Eingeborenen unter dem Namen Mongo ma Lobah [1]) bekannten höchsten Gipfels der Cameronberge berichtet. So geneigt aber auch Allan war, aus dem Ansehen dieser vulcanischen Producte zu schliefsen, dafs der Vulcan seit geraumer Zeit (for ages) ruhend gewesen sein müsse, so scheinen doch die Mittheilungen der Landesbewohner an ihn selbst darauf hinzuweisen, dafs noch in den letzten Jahren der Mongo ma Lobah nicht unbedeutende Zeichen seiner Thätigkeit kund gegeben habe. So erfuhr z. B. Allan von einem gewissen Lilley, als Augenzeugen, dafs sogar in neuerer Zeit in der Nähe des ebengenannten Gipfels Flammen aufgestiegen seien, und nicht minder versicherten demselben die Bewohner Bimbias, dafs sie 3 Jahre etwa vor seiner Ankunft in diesen Gegenden, also um das Jahr 1838 ebenfalls Flammen hätten aus dem Boden treten sehen. Dafs aber bei diesen Angaben kein solcher Irrthum, wie ihn Monrad bei den früheren ähnlichen Erscheinungen vermuthete, stattgefunden hat, scheint sich daraus zu ergeben, dafs die Landesbewohner nach Allans Mittheilung die neuere Feuererscheinung durch den Ausdruck: Gott hat diefs gethan als ein natürliches Phänomen sehr wohl von den auch bei ihnen üb-

---

[1]) Nach Allan soll der Mongo ma Lobah auch zuweilen Mokoli ma Poko genannt werden. Der Name Mongo findet sich übrigens schon bei Douville (II, 247), wo er aus der Moulona und Congosprache als ein aus Mo (Herr) und Ngo (das Meer) zusammengesetztes Wort durch Herr des Meeres erklärt wird. Diese Deutung, die nach der gewaltigen Höhe der hiesigen Berge so wahrscheinlich ist, erhielt in neuerer Zeit dadurch eine weitere Bestätigung, dafs ein von den Portugisen erst in den letzten Jahren besetzter Küstenplatz (unter dem 15° 47′) einen ähnlichen Namen, nämlich Monga das Areas (oder Porto Pinda) führt. Omboni 395.

lichen Grasbränden unterschieden, und weil sie dabei Erderschütterungen empfanden, die sie mit den Bewegungen eines Dampfboots verglichen. Die Feuer waren übrigens so gewaltig, dafs die Bevölkerung dadurch umzukommen fürchtete. Bemerkenswerth ist zugleich hierbei, dafs der Name Mongo ma Lobah in der Sprache der hiesigen Eingeborenen Götterberg bedeutet, und dafs derselbe den Capitain Allan sofort veranlafste, die bekannte Angabe in Hannos Periplus [1]) von einem mit Feuerströmen bedeckten und durch die Untersuchungsexpedition des Carthagischen Admirals an der Westküste Nord-Africas angetroffenen Berge, den der Periplus den Götterwagen (ϑεῶν ὄχημα) nannte, hierher zu verpflanzen und also den Mongo ma Lobah für identisch mit letzterem zu erklären. Da jedoch die Expedition schwerlich so weit nach Süden vordrang und überdiefs der Periplus ganz ähnliche Flammenphänomene noch einige Tagereisen weiter südwärts anführt, endlich im Süden der Camerons bisher nirgends eine Spur von feurigen Ausbrüchen und selbst nicht einmal ein bestimmtes Vorkommen von erloschenen Krateren in den Küstengegenden bekannt geworden ist, so ist mit Grund anzunehmen, dafs Hannos Feuer nur künstliche waren, ja sogar dafs dieselben etwas höher im Norden zu suchen sind. Namentlich sind es Plinius Worte, womit derselbe des Götterwagens nach dem Periplus gedenkt [2]), ferner die Erwähnung von Feuererscheinungen am Atlas bei Solinus [3]), endlich die Art und Weise, wie die Flammen des Hanno gleichfalls nach dem Periplus bei Aristoteles besprochen werden [4]), zusammen völlig

---

[1]) Geographi minores. Ed. Hudson. Oxon 1698. I, 5.

[2]) Der Theon ochema erscheint bei Plinius zwei Male, nämlich hist. nat. II, c. 110 und V, c. 1.

[3]) (Atlas) lucet nocturnis ignibus. Ed. Basil. p. 182. c. 37.

[4]) Mirabilia mundi. Ed. Beckmann. Götting. 1786. 77.

geeignet darzuthun, dafs die Ansicht der neueren Erklärer des Periplus, die Localität des Götterwagens sei nur im nördlicheren Africa und namentlich an den Abhängen des Atlas zu suchen, die richtigere sein dürfte. So bedarf es muthmafslich auch nicht der Hypothese Mac Queens, der lange vor Allan geneigt gewesen war, den Hannoschen Feuerberg mit dem hohen Pik der Camerons zu identificiren, dafs nämlich letzterer, den Mac Queen, wie erwähnt war, nur erloschen kannte, noch zu Hannos Zeit thätig gewesen sei [1]. Nicht mit Unrecht mag endlich Owen versichern, dafs der Anblick des Camerongebirges den Character einer erstaunlich grofsartigen Berglandsscenerie gewährt, indem das gleich einer compacten Masse aufsteigende Gebirge, trotz seiner gewaltigen Erhebung im Mongo ma Lobah, doch nur einen Durchmesser an der Basis von

---

[1]) S. 158, wo Mac Queen sogar kühn genug behauptet, dafs kein Punkt der Westküste des Continents so genau der Beschreibung Hannos entspreche. Unter den neueren Schriftstellern leitete ebenfalls A. v. Humboldt sowohl die Feuererscheinungen des Carthagischen Admirals von künstlichen Bränden ab, als er auch dieselben an die Abhänge des Atlas versetzte. In Bezug auf die neuere Thätigkeit des Cameron Piks enthält endlich der schon einmal erwähnte fleifsige und ausgedehnte Aufsatz über die Westküste Africas in den Annales maritimes et coloniales. Paris 1845. Partie non offic. II, (bis), der zum Theil auf manuscriptlichen Berichten Französischer Seefahrer beruht, ebenfalls die Bemerkung, dafs der Pik vulcanisch sei und nach Versicherung der Eingebornen aus seiner Spitze mehrere Male Flammen und Rauch ausgestofsen habe, nicht minder die Angabe von dem Vorkommen rother Steine, so wie auch, dafs man wiederholt hier Erdstöfse gefühlt habe als Beweis, dafs die unterirdische Thätigkeit hier noch fortdauere. Da aber der Aufsatz sonst nichts liefert, was nicht schon früher durch Owen, Boteler und Allan bekannt war, und derselbe sich namentlich auf die Englischen Berichte beruft, so ist anzunehmen, dafs auch das über die hiesigen vulcanischen neueren Erscheinungen darin Gesagte nur von Allan entlehnt ist.

20 Englischen Meilen hat, wie Owen und Boteler übereinstimmend melden. Das steilste Ansteigen dieses Gebirges wird indessen nicht von der Westseite oder der See aus, sondern von Süden her beobachtet, wie eine Ansicht bei dem Orte Alt Calabar ergibt, und zwar findet dasselbe so kühn statt, und die Höhe der übrigen benachbarten Berge bleibt zugleich so sehr hinter der der Camerons zurück, dafs das Ganze selbst nur das Ansehen eines einzigen gewaltigen Berges hat, das sich auf einer einzelnen Base erhebt [1]). Zu dem Camerongebirge gehört übrigens aufser der immensen Masse des Mongo ma Lobah noch ein anderer jäher, spitzer Berg hart am Meeresstrande von 5—6000 Fufs Höhe, der bei den Europäern den Namen des kleinen Cameron, bei den Eingeborenen den des Mongo m' Etindah führt [2]). Aber alle übrige zahlreiche Erhebungen und steile Höhen, welche von den Seiten der Hauptmasse des Gebirges aufsteigen, sind verhältnifsmäfsig so unbedeutend, dafs sie kaum die allgemeine gleichförmige Erhebung seiner Abhänge unterbrechen. Nur der Rumbibergzug bildet seiner sichtlich bedeutenden Höhe wegen eine Ausnahme, indem er aus hohen Piks und eingeschnittenen Bergmassen besteht, die sich gleich den durch ein Erdbeben etwa entstandenen Ruinen erheben. Der höchste von diesen hierher gehörenden Bergen findet sich übrigens erst in 44 Englische Meilen von dem hohen Cameronpik und zwar getrennt von demselben durch eine Ebene, woraus kegelförmige Berge sich erheben, die dem ganzen Striche ein

---

[1]) Allan bemerkt in dieser Hinsicht ausdrücklich (Journal XIII, 16), dafs, wenn auch das ganze Camerongebirge sich von der See aus durch ein unterbrochenes Ansteigen zu erheben scheine, sich diefs doch bei genauerer Anschauung als irrig ergibt, indem das Gebirge wirklich aus einer Folge von Bergen bestehe.

[2]) Boteler II, 462; Allan im Journal XIII, 14.

ganz aufserordentliches Ansehen verleihen [1]). Auch der Qua 64 Englische Meilen NW. von den Camerons wird noch als eine staunenswerthe Bergmasse beschrieben, die dem Anscheine nach mehr als die übrigen, zuletzt erwähnten Erhebungen der Cameronkette an Höhe sich nähere und 80 Meilen weit sichtbar sein soll. Alle diese Berge halten nun Boteler und Owen wegen des Vulcanismus des hohen Cameronpiks selbst und der benachbarten Insel Fernando del Po für vulcanisch, so dafs, wenn diefs sich bestätigt, auf diesem kurzen Küstensaume einst eine aufserordentliche vulcanische Thätigkeit stattgefunden haben müfste, was freilich, wie oben angegeben, sich schon aus dem ungewöhnlichen raschen Ansteigen des Camerons vermuthen liefs [2]). Dafs aber in der That eine solche Hypothese nicht unwahrscheinlich ist, ergibt namentlich eine Vergleichung der hiesigen, geognostischen Verhältnisse mit denen der vier kleinen im Guineabusen liegenden Inseln Fernando del Po, do Principe (Prinzeninsel), St. Thomé und Annabon, die in einer Reihe von NO. nach SW. auf einander folgen, sämmtlich vulcanisch sind und sich dadurch sowohl, wie durch ihre bedeutende Höhe und ihre schroffen Formen so nahe den Cameronbergen anschliefsen, dafs selbst die Vermuthung derjenigen, die sie als einstige Theile des Continents, getrennt in späterer Zeit davon durch eine gewaltige Revolution vulcanischer Art, schwerlich unrichtig

---

[1]) Owen II, 365. Boteler II, 462.

[2]) Bemerkenswerth für die geognostischen Verhältnisse der vulcanischen Cameronberge ist noch, dafs auch letztere ein weites Plateau von rothem Sandstein durchbrochen haben, indem Allan dichten Sandstein an deren Fufs antraf und aufserdem einen rothen Rücken davon ausgehen sah, so dafs es ihm zugleich wahrscheinlich wurde, es möchte sich von hier aus ein hohes Tafelland Hunderte von Meilen weit von der See aus in das Innere fortziehen (Journal of the Geogr. Soc. XIII, 13).

sein dürfte [1]). Selbst die mit der Entfernung vom Festlande immer mehr abnehmende Erhebung der eben genannten Inseln über dem Meeresspiegel scheint nicht minder bestimmt dafür zu sprechen und darzuthun, dafs der wahre Heerd des vulcanischen Processes, dem diese Inseln ihr Emporsteigen aus dem Meeresgrunde verdanken mögen, auf dem Continent selbst unter den Cameronbergen oder vielleicht selbst noch weiter im Binnenlande lag, und dafs derselbe wahrscheinlich nur der Abnahme seiner Intensität gegen die Peripherie wegen nicht mehr im Stande war, die äufsersten Inseln zu derselben Höhe, wie Fernando del Po zu erheben. Während nämlich der Mongo ma Lobah angegebenermafsen schon bis über 13000 Fufs ansteigt, reicht der höchste Pik der letztgenannten Insel nur bis 10200 Fufs [2]), der Santa Anna de Chavesberg auf St. Thomas nur noch bis in eine Höhe von etwa 7000 Fufs (2107 Meter nämlich) [3]), Annabon bis 2 oder 3000 Englischer Fufse [4]) und endlich die zwischen Fernando del Po und St. Thomas befindliche Prinzeninsel gar nur noch bis in etwa 2800 F. (800 Meter) [5]) Höhe. Möglich endlich, dafs selbst die kleine in der Amboser Bay liegende Insel Mondoleh und sogar das entfernte St. Helena zu demselben Erhebungszuge gehört, da bekanntlich St. Helena fast ausschliefslich

---

[1]) Monrad sprach, wie es scheint, zuerst die Ansicht aus, dafs die Inseln des Meerbusens von Guinea wohl eine ursprüngliche Fortsetzung der Cameronberge sein möchten, worin ihm später Owen selbstständig folgte (II, 266).

[2]) Boteler II, 470. Nach den Angaben des Französischen Schiffslieutenants Fleuriot de Laupe in dem vorhin erwähnten Aufsatze über die Westseite Africas (Annal. mar. et col. 1845. II, (bis) 172) steigt dieser Pik doch noch bis 10900 Fufs auf.

[3]) Fleuriot 172.

[4]) Leonard Records of a voyage to the Western Coast of Africa. Edinburgh 1833, 175.

[5]) Fleuriot de Laupe a. a. O. 172.

aus Basalt besteht [1]) und fast genau in der Verlängerung der Axe liegt, die man von den Camerons durch die 4 Inseln ziehen könnte. Dafs auch Mondoleh basaltisch ist, berichtete Allan [2]). Schon Owen äufserte in dieser Hinsicht ganz bestimmt, dafs einiges Nachdenken zu der geologischen Hypothese führe, es dürften die genannten Inseln des Guineabusens vielleicht nur Fortsetzungen der vulcanischen Cameronberge sein und einer ähnlichen Erhebung, wie diese und zwar in derselben Richtung ihren Ursprung verdanken [3]).

Fernando del Po, die zunächst an dem Continent liegende Insel, ist nur 6 Stunden von den Cameronbergen entfernt [4]); sie trägt in ihrem nordöstlichsten Theile den schon erwähnten gewaltigen Pik, der bei einem neueren Engl. Berichterstatter über diese Gegenden, dem Dr. Leonard, der Clarence Pik genannt [5]), und dessen Höhe von diesem fast übereinstimmend mit Boteler und Fleuriot zu 10700 Fufs angegeben wird. Seine Oberfläche ist bei Weitem mehr, als die der Camerons, durch mannigfache Einschnitte von dunkler Tiefe und durch Abgründe staunenswerther

---

[1]) Darwin Geological observations on the volcanic Islands. London 1844. 74, 75 u. s. w. Doch spricht Darwin auch von sehr schlackigen Gesteinen auf St. Helena (75, 79), die stellenweise zwischen Ablagerungen von basaltischen und Feldspathlaven vorkommen sollen. Ist Letzteres richtig, was ich freilich bei keinem früheren Berichterstatter über Helena wiederholt finde, so würde die petrographische Natur der vulcanischen Gebilde dieser Insel sie viel näher den entsprechenden Angolas stellen, als man bisher Grund hatte anzunehmen. Dauernd offene Kratere scheint indessen St. Helena nie gehabt zu haben.

[2]) Journal of the Geogr. Soc. of London. XIII, 16.

[3]) A. a. O. II, 366.

[4]) Annales mar. et col. 1845. II, (bis) 171. Boteler setzt die Entfernung der Cameronberge von Fernando del Po zu 45 Englischen Meilen. II, 470.

[5]) A. a. O. 129.

Art zerrissen, aus denen sich aber deutlich ergibt, dafs die ganze Masse, wie Boteler und Owen sagen, ihren Ursprung einer unterirdischen Kraft der gewaltigsten Intensität verdankt. Ob aber dieser Pik noch in neuerer Zeit einen Ausbruch gehabt hat, erfahren wir weder durch die genannten Officiere, noch durch Allan oder einen sonstigen Forscher mit Ausnahme Leonards, nach dessen Mittheilungen der Berg allerdings noch jetzt in unbestimmten und weit auseinander stehenden Perioden Rauch und Flammen ausstofsen soll. Seine gerundete Spitze erscheint mit einer rothen, verbrannten und unfruchtbaren Oberfläche, während die übrige Insel im Allgemeinen basaltisch sein soll [1]). Ganz entgegengesetzt dem grofsen Pik gibt es im südlichen Theile der Insel noch zwei kleinere Kegel, die ihrer Gestalt nach auch vulcanisch sein mögen, obgleich weder Owen noch Boteler erwähnen, dafs sie Kratere in sich tragen; Leonard erwähnt nur einen Pik [2]).

Ueber die vulcanische Natur der Prinzeninsel besitzen wir keine speciellen Berichte, doch finde ich in des letztgenannten Berichterstatters Bemerkung [3]), dafs die Insel romantisch ist, und dafs auf ihr zahlreiche mächtige aus Basaltsäulen bestehende und zuweilen sogar Wällen oder Ruinen ähnliche Felsen auftreten, den Beweis, dafs auch ihre Oberfläche einst durch vulcanische Kräfte mannigfach zerrissen worden ist. Auch ein anderer neuerer Reisender Capt. Alexander [4]) erwähnte hier sonderbare nadelförmig gestaltete isolirte Felsen (agulhas) und bil-

---

[1]) Ann. marit. of col. 1845. Partie non offic. II, (bis) 166.

[2]) Der südlichste Pik ist jedoch nach Leonards Angabe bemerkenswerth durch seine kegelförmige Gestalt und seine ausgebrochene Spitze, was demselben ein Ansehen gibt, als sei auch er in einer entfernten Epoche, gleich dem Clarence Pik, ein Vulcan gewesen. S. 129.

[3]) S. 117 und 124.

[4]) Excursions in Western Africa. 2 Vol. London 1840. I, 205.

dete sie ab. Leonards Mittheilung endlich, dafs auf der Prinzeninsel ein hohes Tafelland vorkommt, erweist, dafs die vulcanischen Massen hier, wie am Südrande des Continents, eigenthümliche regelmäfsige und später erst theilweise zerstörte Ablagerungen mit ebener Oberfläche gebildet haben [1]. — Selbst die äufseren Umrisse der dritten Insel St. Thomé bieten sich sehr unregelmäfsig gebrochen dar und es gleicht dadurch dieselbe mit ihren zahlreichen, höchst fantastisch gestalteten Piks ganz der Prinzeninsel, obgleich ihre Massen in einer noch viel gröfseren und sogar staunenswerthen Entwickelung auftreten. — Annabon zeichnet sich seinerseits durch jähe, kegelförmige Berge und ein ungeheures, wenigstens drei Englische Meilen in seiner Peripherie grofses Süfswasserbecken von keisförmiger Gestalt aus, das auf dem höchsten Theile eines Berges liegt und auf allen Seiten durch Massen von Asche und theilweise zersetzter Lava umgeben ist [2]. Es geht aber klar hieraus heraus, dafs diefs Becken nichts als eine Wasseransammlung in einem seit langer Zeit erloschenen Krater sein kann. Da endlich der Boden der Insel fast durchweg aus einer dünnen Schicht von Lava besteht und überdiefs sich an 1—2 Stellen ein Lavenstrom zeigt, der in rauhen Zacken erstarrt ist [3], endlich lose Aschen und Lavenmassen überall umher liegen, so ergibt sich, dafs auch diese Insel in ihrem entschieden vulcanischen Caracter den übrigen des Guineabusens in Nichts nachsteht.

---

[1]) Das Innere aller vier Inseln im Guineabusen ist fast noch gar nicht erforscht, da es von undurchdringlichen Urwäldern bedeckt wird. Ob aber eine neuere Beschreibung von St. Thomé, die im Jahre 1844 zu Madrid erschien, über vulcanische Gebilde der Insel etwas enthält, ist mir unbekannt.

[2]) Leonard 175.

[3]) Ebendort 193.

Aufserhalb des Kratersees, der, wie Leonard mittheilt, schon im Beginne des vorigen Jahrhunderts (1705) nach Hörensagen in einer der Englischen Uebersetzung von Bosmans bekannten Beschreibung der Guineaküste einverleibten Beschreibung Annabons erwähnt wird [1]), findet sich noch ein isolirter conischer Berg, der plötzlich über den unfruchtbaren und jähen Wänden des Sees an dessen östlicher Seite ansteigt [2]).

Es ist nicht zu erwarten, dafs die gewaltige vulcanische Kraft, der wir die Emporhebung solcher Massen, wie die Cameronberge und der Clarence Pik auf Fernando del Po sind, glauben zuschreiben zu können, sich auf dem Festlande einzig auf die geringe Strecke zwischen dem Königs- und Cameronflusse mit ihren Productionen beschränkt hat, sondern wir dürfen mit Grund annehmen, dafs spätere Forschungen uns selbst viel tiefer im Inneren die weitere Verbreitung derselben vulcanischen Gebilde und eine entsprechende Fortsetzung der Erhebung des Terrains ergeben wird. Bereits Mac Queen vermuthete diefs im Jahre 1821 [3]) und sprach sich bestimmt dahin aus, dafs die Cameronberge wohl nur das westliche Ende einer grofsen Gebirgskette sein dürften, die er zugleich für einen Ast der sogenannten Mondberge anzusehen geneigt war. Merkwürdiger Weise erhielt diese Vermuthung sehr bald darauf eine Bestätigung durch die Forschungen der Englischen Untersuchungsexpedition von Denham und Clapperton im Inneren Nord Africas, indem sich dabei die Existenz eines im Süden Bornous und des grofsen Tsadsees und sogar schon in der Nähe der Cameronberge bei Adamowa gelegenen gewaltigen Gebirgslandes ergeben hat, in welchem einzelne Gipfel von ewigem Schnee weifs

---

[1]) Ebendort 201.

[2]) Ebendort 192.

[3]) S. 157.

sein sollen [1]), eine Nachricht, die abermals in den letzten Jahren durch eine Mittheilung Mac Queens, dafs in denselben Gegenden an den Quellen des Tsaddaflusses sich ein mit ewigem Schnee bedeckter Berg befinde [2]), eine neue wichtige Stütze empfing. Auch Allan war anzunehmen geneigt, dafs der vulcanische Zug zwischen Annabon und den Cameronbergen sich bis zu dem 6° N. B. in das Innere oder bis zu dem hohen Mendefigebirge und bis zu den Schneebergen von Adamowa erstrecke, und er schätzte dessen Längenaxe auf etwa 1500 Englischen Meilen [3]).

Eine genauere Untersuchung älterer Berichte von Seefahrern durch die bekannten Hydrographen Purdy in England [4]) und Daussy in Frankreich [5]) führte ferner in neuerer Zeit in überraschender Weise zu einer Reihe eigenthümlicher Aufschlüsse über gewisse Aeufserungen vulcanischer Thätigkeit, die man zu wiederholter Male seit fast 130 Jahren mitten im Atlantischen Ocean unter etwa dem 0° 22′ S. B. und 22° W. L. von Paris wohl beobachtet, nie aber genügend berücksichtigt hatte. Uebereinstimmend weisen dieselben nun darauf hin, dafs bis in die neueste Zeit sich an der angegebenen Stelle eine submarine Thätigkeit durch Erschütterungen und Wallen des Meeres,

---

[1]) Denham and Clapperton Narrative of travels and discoveries in Northern and Central Africa. London 1826. I, 446 und Quaterly Review XXXI, 468.

[2]) Bulletin de la société de Geogr. de France. 1845. III, 137, wo speciell nach der Angabe eines einheimischen Reisenden ausgesprochen wird, dafs in dem aufserordentlich gebirgigen Lande an den Quellen des Tsaddaflusses sich ein beständig mit Schnee bedeckter Gipfel finde.

[3]) Journal of the Geogr. Soc. of London VIII, 293, und auch in Allans Narrative II, 288.

[4]) Nautical Magazine 1835, 642.

[5]) Comptes rendus de l'Academie de Paris. 1838. VI, 512.

durch Erdstöfse, ein Aufsteigen von Rauch [1]), ja selbst durch ein Auswerfen schwarzer vulcanischer, auf der Oberfläche des Meeres gesammelter Aschen [2]) kund gegeben hat. Darwin folgerte bereits aus diesen Erscheinungen, dafs an dem angedeuteten Punkte die Bildung einer Insel oder gar einer ganzen Inselgruppe im Gange sei und wies gleichzeitig darauf hin, dafs derselbe noch in der Verlängerung einer St. Helena mit Ascension verbindenden Linie liege [3]). Vergleicht man nun mit diesem vulcanischen Zuge den vorhin angedeuteten und beschriebenen zwischen Adamowa und St. Helena, so erscheint letztere Insel sogar als Durchschnittspunkt zweier vulcanischer Axen, von denen die eine sich nach NO., die andere nach NW. wendet.

Kehren wir endlich noch einmal zu dem Continent von Africa und zwar zu den Zairegegenden zurück, so ist es nach den bereits erwähnten Erfahrungen über den Zusammenhang des Bildungsganges von Erdölquellen, Asphalt und Schwefellagern mit unterirdischen feurigen Processen mit Grund anzunehmen, dafs das Erdölvorkommen am Coussoua nicht das einzige der von den letzteren gebildete Producte seiner Art ist, sondern dafs die in neuerer Zeit ziemlich zahlreich in Angola und in dem ganzen Küstenstriche bis zum 15° S. B. bekannt wordenen Erdölquellen und Schwefellager sich als ähnliche Erzeugnisse bei fortgesetzten Forschungen ergeben werden, und es ist hiernach sogar mit Zuversicht zu erwarten, dafs die deutlichen Spuren vulcanischer Thätigkeit, die wir im Inneren Angolas zu erkennen glaubten, sich ähnlich auch an dem angedeu-

---

[1]) Am meisten mufsten diese Phänomene auffallend werden, als Horner, der Krusensterns Expedition als Physiker begleitete an der angegebenen Stelle eine zwei Male hoch aufsteigende Rauchwolke wahrnahm. Er muthmafste hieraus bereits ganz richtig eine vulcanische submarine Eruption.

[2]) Comptes rendus a. a. O. 516.

[3]) A. a. O.

teten Küstenrande vorfinden werden. Die früheste Nachricht über die Schwefelvorkommnisse dieser Gegenden verdanken wir nun dem im vorigen Jahrhundert wohlbekannten Italiänischen Naturforscher und Professor der Botanik zu Coimbra, Vandelli, in seiner Notiz über die nutzbaren Producte der Portugisischen Colonien, worin derselbe muthmafslich nach Handstücken der Lissaboner Sammlungen das Vorkommen in Angola einer sehr reichen Ablagerung reinen Schwefels zwischen krystallinischem Gyps (Selenit) aufführt (uma riguissima mina de enxofre puro sagt der Autor ausdrücklich) [1]. Später erwähnte der schon erwähnte Cardozo dasselbe Vorkommen und versetzte es in eine bestimmte Localität, nämlich nach dem zu Benguela gehörenden und zwischen diesem Orte und dem Portugisischen Handelsposten Caconda (14° 53′ S. B.) gegen das Innere zu liegenden District (Dembo) Quinzamba [2]) eine Angabe, die durch eine ältere ganz damit übereinstimmende Notiz in einem erst vor einigen Jahren publicirten Aufsatze über die Landschaft gleiches Namens völlig bestätigt wurde [3]). Neuerlich berichtete noch Tans [4]) über das Vorkommen dieses Minerals bei Benguela, aber ohne das Mindeste über dessen geognostische Verhältnisse, den Reichthum der Ablagerung und die übrigen Zustände des Schwefels hinzuzufügen, die jetzt noch fast gänzlich unbekannt sind, obwohl bereits im Jahre 1768 der ehemalige verdiente General-Gouverneur von Angola, de Souza Coutinko [5]) und in neuerer Zeit auch der Gouverneur Saldanha de Gama [6]) die genauere Untersuchung dieser und noch

---

1) Memorias economicas de Academia real das sciencias de Lisboa. A Agricultura. Lisboa, I, 205.

2) S. 303, 335, 368, 373.

3) Annaes mar. e col. Parte não offic. 1844, 148.

4) S. 154.

5) Omboni 389.

6) Omboni 390 und Cardozo 303. Letzterer bemerkt hierzu,

anderer Ablagerungen ähnlicher Art von Staatswegen veranlafst hatten. Nur durch Cardozo erfuhren wir, dafs bei Benguela die Schwefellager ohne alle Gangart und zugleich in solcher Ausdehnung, Stärke und Reinheit auftreten, dafs die Gewinnung der Substanz äufserst leicht ist, und dafs letztere nicht einmal einer Läuterung bedarf, ferner dafs die grofse Quantität Schwefel, die hier gewonnen worden ist, nur aus den einfachsten, an der Oberfläche gemachten Schurflöchern gefördert wurde, endlich dafs so wenig auch die hiesige Ablagerung untersucht worden ist, sich dennoch ergeben habe, dafs dieselbe zu den beträchtlichsten und reichsten überhaupt auf Erden gehört [1]). Bestätigend diese Angaben erwähnt auch Douville, dafs der Schwefel Benguelas im natürlichen Zustande in den Handel komme, und dafs derselbe in der Nähe dieses Orts in nur wenigen Fufs Tiefe auf Gesteinen auflagere, die Quarz, Glimmer und Feldspath enthalten (das wäre also auf Granit, muthmafslich aber wohl auf Trachyt). Auf dieser Lagerstätte erscheine zugleich der Schwefel in reinen und durchsichtigen Krystallen [2]), und es spricht Douville hierbei nach einer, wie er ausdrücklich behauptet, sorgfältig ausgeführten Untersuchung sich dahin aus, dafs er selbst die Spalten in dem unterliegenden Felsgesteine entdeckt habe, wodurch der Schwefel gasförmig in die Höhe gestiegen sei [3]). Sind diese Angaben richtig, so ergäbe sich dar-

---

dafs man die Lagerstätten von Benguela zu Saldanhas Zeit (1806—1810) zuerst zu benutzen anfing, und dafs sich daraus die ganze Portugisische Monarchie mit Schwefel versorgen liefse.

[1]) S. 335.

[2]) I, 42, wo aber die Darstellung der Lagerungsverhältnisse höchst confus ist und sichtlich als die Arbeit eines geognostisch Unterrichteten gelten mufs.

[3]) So leicht man sich aber für die Ansicht Douvilles entscheiden könnte, dafs der Schwefel von Benguela ein Sublimations-

aus, dafs das Schwefelvorkommen bei Benguela sich ganz an das des Zambi anschliefst und dafs es wahrscheinlich direct auf vulcanischem Wege entstanden ist, wobei jedoch Vandellis Notiz über das Mitvorkommen von Gyps nicht zu übersehen ist, da diefs den Bildungsprocefs des Schwefels nicht so unmittelbar als vulcanisch erscheinen läfst. Aufser diesem Schwefellager bei Benguela scheint ein zweites ähnliches in dem Küstenstriche nördlich Loanda vorzukommen, indem wenigstens Tams hier ein solches nach Hörensagen (merkwürdig genug an dem vorhin bei Gelegenheit der Montes Quemados erwähnten) Dandeflusse aufführt, wo es zugleich in Gemeinschaft mit einer Fülle von Erdöl vorzukommen scheint [1]).

Die früheste Kenntnifs der Asphalt- und Naphthavorkommnisse in Angola überhaupt verdanken wir abermals Vandelli, nach dessen Mittheilung einige dortige Seen grofse Mengen der ersten Substanz, die hier dem Indischen und dem vom Rothen Meere ganz gleich sein soll [2]) und zum Calfatern von Schiffen dient, liefern. Leider gibt Vandelli die specielle Localität der Seen nicht an, doch ist es immer auffallend, dafs seine Angaben so sehr mit denen Douvilles über das Vorkommen des Bitumens auf der Oberfläche des Couffoua übereinstimmen. Da aber der

---

product ist, so wenig wird auf der anderen Seite der Zusammenhang verständlich, den jener Autor für die Entstehung des Schwefels durch ein Verbrennen von Schwefelkies anzunehmen geneigt ist. Bei Tams längerem Aufenthalt in Benguela wäre mit Recht eine nähere Nachricht über das dortige Auftreten des Schwefels von ihm zu erwarten gewesen, besonders da wir durch Douville (I, 12) erfahren, dafs dasselbe sich ganz dicht bei dem Orte findet.

[1]) S. 154. Es soll von dem Schwefel Angolas, wie hier berichtet wird, früher viel nach Brasilien versandt worden sein.

[2]) Vandelli meint muthmafslich unter diesem Erdöl vom Rothen Meere das später noch zu erwähnende an der Egyptischen Seite des letzteren, welches sich zugleich südlich von Suez findet.

Couffoua zugleich so tief im Binnenland sich findet, dafs schwerlich an einen Transport seiner Substanzen bis an die Küste zu denken ist, so ist es wahrscheinlicher, dafs sich in den Küstenstrichen ebenfalls Asphaltseen befinden. Vandelli nannte diese Substanz Pisasphalt. In neuerer Zeit erwähnten noch Cardozo und Omboni übereinstimmend Erdölquellen in der unmittelbaren Nähe der Mündung des schon genannten Dandeflusses, und zwar ersterer mit dem Bemerken, dafs das Erdöl hier in solcher Fülle aus den Klüften eines Berges rinne, dafs es unerschöpflich (inesgotavel) zu sein scheine [1]. Auch dieses wird zu mehrfachen Zwecken, ganz wie Theer benutzt. Ein zweites davon nicht verschiedenes Vorkommen scheint dasjenige in der Nähe Loandas und an der Mündung des Coanzaflusses zu sein, dessen Erwähnung ich bei Tams finde [2], indem bei der nur 7 Stunden betragenden Entfernung des ersteren Orts und der Coanzamündung von der Mündung des Dande [3] eine Verwechslung sehr wohl denkbar ist. In der That versicherte ebenfalls Tams, dafs auch seine Substanz an einem Berge vorkomme und in Loanda zum Theeren benutzt werde, wozu er jedoch bemerkt, dafs dieselbe trotz der Reichhaltigkeit ihres Auftretens noch nicht zu einem Handelsgegenstande geworden sei. Doch wurden im Jahre 1826 Sendungen von dem Asphalt Angolas, wie auch von dem Schwefel dieses Landes durch den General-Gouverneur Abreu Castellbranco nach Lissabon gemacht [4]. Erwägt man endlich hierbei, dafs, wie Douville versichert [5] und nicht unglaublich ist, selbst in den Schwefellagerstätten von Benguela Spuren von Bitumen gefunden werden,

[1] S. 335 und 362. Das Vorkommen erinnert an die Auvergne.

[2] S. 154.

[3] Cardozo 360.

[4] Omboni 125.

[5] I, 13.

und dafs nach Omboni aufser am Libongoflusse sich sogar noch im Süden Benguelas Erdölquellen unweit der kleinen Fischbay (der Engländer oder Bay von Mossameder der Portugisen 15° 08′ S. B.) befinden [1]), so liegt unzweifelhaft allen diesen Schwefel- und Erdölvorkommnissen vom 9 bis 15° S. B. dieselbe Entstehungsursache zum Grunde, und wir dürften schwerlich irren, besonders in der Fortdauer der Erdölquellen die letzten Aeufserungen desselben feurigen Processes in der Tiefe zu erkennen, der noch am Zambi sich in der fortdauernden Bildung von Schwefel kund gibt. Leider fehlt uns in Bezug auf diese Erdöl- und Asphaltvorkommnisse in Angola alle Kunde aus den Untersuchungen, welche der Gouverneur Emmanuel de Noronha wiederum in neuerer Zeit (nämlich im Jahre 1839) durch den Schweitzer Lang, einen Schüler Schönleins, darauf anstellen liefs. Omboni sagt ausdrücklich [2]), diese Forschungen seien ohne Erfolg gewesen, obgleich der Gouverneur sich es sogar angelegen hatte sein lassen, eine Gesellschaft zur Ausbeutung des Minerals zu bilden. Die ungewöhnliche Freigebigkeit, mit der die Portugisische Regierung den Reisenden ausgestattet hatte und die anderweitigen ihm durch dieselbe gewordenen Förderungen seiner Zwecke lassen es übrigens sehr bedauern, dafs derselbe seine naturhistorischen Beobachtungen über das Innere von Angola nicht veröffentlicht hat [3]).

Im Süden Benguelas ist die Kenntnifs des Landes viel zu gering vorgeschritten, um über die An- oder Abwesen-

---

[1]) S. 393.

[2]) S. 393.

[3]) Lang, der besonders von Schönlein zu einer naturhistorischen Forschungsreise nach Angola ausgerüstet war und dahin im Jahre 1837 abging, entsprach ganz und gar nicht dem in ihn gesetzten Vertrauen. Nach seiner Rückkehr erschien von ihm nichts über seinen mehrjährigen dortigen Aufenthalt, als eine Notiz über die Medicin der Neger.

heit thätiger Vulcane oder auch nur erloschener Kratere irgend eine Muthmafsung zu wagen. Indessen spricht schon die in neuerer Zeit in dem Küstenstriche zwischen dem 15ten und 23sten Grade bekannt wordene Fülle von Thermalquellen mit theilweise sehr hoher Temperatur dafür, dafs es auch hier in der Vorzeit an einer ansehnlichen Production vulcanischer Massen nicht gefehlt haben kann. In der That haben die Beobachtungen neuerer Zeit in dem ganzen erwähnten Landstriche die Existenz vieler schwarzer Felsen erwiesen, die muthmafslich sämmtlich basaltische sind, da theils im Inneren des Landes das gewisse Auftreten von Basaltfelsen bekannt ist, theils aber auch jene mitunter bestimmt vulcanisch genannt werden. Die nördlichste Spur derselben erscheint zuvörderst an der kleinen Fischbay, indem Capitain Owen [1]) hier Felsen aus einer vulcanischen Substanz von härterer und unregelmäfsiger Structur nächst anderen aus horizontal geschichtetem, versteinerungsführendem Sandstein bestehenden antraf. Etwas südlicher erscheinen schwarze plutonische Gesteine [2]) zugleich mit einem Berge von Zuckerhutform [3]), wie dergleichen Gestaltung den vulcanischen Bergen des Continents so häufig eigen ist, an der sogenannten schwarzen Bay (der Angra do Negro der Portugisen in 15° 42), die davon unzweifelhaft ihren Namen erhielt. Noch südlicher gibt es abermals solche schwarze Felsen am Cap Frio und Cap Crofs (Kreuz-Cap) nach den Beobachtungen des Französischen Schiffslieutenants Troude [4]), so wie auch dort nach der Angabe des Nord Americanischen Schiffscapitains Morrell ein zungenförmig in das Meer

---

1) A. a. O. II, 231.

2) Ann. mar. et col. Partie non offic. 1837. I, 214; 1845. II, (bis) 269, 274.

3) Ebendort 1845. II, (bis) 265.

4) Ebendort 1837. I, 218.

unter dem Namen St. Amboses laufenden Bergzug durch Lavafels gebildet wird [1]). Unter dem 22° 55′ etwa finden sich an dem nördlichen Rande der Wallfischbay bis 3000 Fufs hohe tafelförmig gestaltete Berge, die nach Cap. Alexander, dem ersten Europäer, der auf dem Binnenwege bis in diese Gegend gelangte [2]), bei den Eingeborenen den Namen Quanwas, bei den Seefahrern den der Blauen Berge führen [3]) und höchst wahrscheinlich, gleich vielen anderen Tafelbergen am oberen Garip, basaltisch sind. Tiefer im Inneren endlich traf Alexander in dieser Gegend wiederholt schwarze Gesteinmassen, die sich entweder wie z. B. in der stellenweise bis 4000 Fufs hohen Kette der Tansberge an der Südseite des Kuisipflusses zu hohen tafelförmigen Bergen erheben [4]) oder als

---

[1]) Morrell Voyage to the South and West Coast of Africa. London. Ed. by Pettrie. 1842. Der Berichterstatter, einer der wenigen früheren Seefahrer, der diesen unwirthbaren Küstenstrich besuchte, und ihn zuerst etwas genauer in geognostischer Hinsicht beschrieb, steht leider selbst bei seinen Landsleuten in Bezug auf Zuverlässigkeit nicht im besten Rufe, so dafs wo seine Angaben nicht durch andere Beobachter bestätigt werden, diese nnr mit einiger Vorsicht aufzunehmen sind.

[2]) Capt. Alexander im Journ. of the Geogr. Soc. of London. VIII, 15 und später in dessen gröfserem Werke: An expedition of discovery into the interior of Africa. 2 Vol. London. II, 104.

[3]) Alexander im Journal VIII, 15, was durch die Ann. mar. et col. 1837. I, 212 bestätigt wird. Alexander berichtet, dafs die Blauen Berge den Seefahrern als Landmarke dienen. Aus einer dritten Benennung Clay trap Mountains, die sich bei demselben Reisenden findet (Journ. VIII, 187), ist übrigens nicht zu folgern, dafs die erwähnten Berge aus Basalt oder Trapp bestehen, indem eine zufällige Bemerkung Alexanders ergibt (an exp. II, 104), dafs das Wort Trap aus ganz anderen, als geognostischen Gründen in den Namen gelangte.

[4]) Journ. VIII, 13. an exp. II, 34, Auch der schwarze Barrowberg (an exp. II, 46) und andere hohe schwarze Felsen am Kussip (ebendort II, 45) gehören muthmafslich hierher. Be-

die jähen Wände einer 600 Fufs tiefen grausenerregenden Schlucht das Bette des ebengenannten Flusses begränzen [1]). Solche schwarze Felsen wurden selbst noch weiter im Süden, theils an der Küste, theils im Binnenlande angetroffen, und namentlich erfahren wir wiederum aus den Berichten von Lieut. Troude, dafs es an der Spencer Bay (25° 42′) mehrere Züge schwarzer mauerförmiger Felsen gibt, die an der Küste endigen [2]), ferner dafs auch an der der Spencer Bay fast unmittelbar folgenden Kleinen Bay (Angra Pequena der Portugisen in 26° 28′) ein schwarzer Fels erscheint, endlich, dafs selbst die der letzteren benachbarte Sireneninsel aus einer mächtigen schwarzen Steinmasse besteht [3]). In dem entsprechenden Binnenlande dieses Theils

trachtet man jedoch Alexanders Skizze der Tansberge genauer, so zeigt sich deutlich, dafs dieselben, wie es bestimmt bei vielen andern ähnlichen im östlichen Caplande und im Gebiete des oberen Garipftromlandes der Fall ist, vermuthlich ebenfalls nur auf ihrem flachen, tafelförmigen Gipfel aus einer Basaltdecke bestehen, während der übrige gröfsere Theil des Berges von dem in diesen Gegenden sehr verbreiteten und selbst in ansehnlichen Bergzügen auftretenden Sandstein gebildet wird. Die Zeichnung ergibt nämlich deutlich, dafs die seitlichen Abfälle des Berges bis zu einer gewissen Höhe ziemlich allmählig, im obersten Theile dagegen plötzlich steil, ja fast senkrecht ansteigen, ein Verhältnifs, dafs einzig durch eine veränderte Beschaffenheit der Masse des Berges in seinen verschiedenen Höhen veranlafst sein kann.

[1]) Journ. VIII, 13. an exp. II, 43. Auch Morrell behauptete, dafs die Felsen an der Wallfischbay aus vulcanischen Substanzen bestehen S. 53.

[2]) Ann. mar. et col. Partie non offic. 1837. I, 212. Nach Morrell (63) erscheinen an der Südspitze der Spencers Bay verschiedene hohe, Pik ähnliche Felsen, die sich bis 600 Fufs über dem Meeresspiegel erheben.

[3]) Troude in den Ann. mar. 1837. I, 210. Die Inseln in der Angra Pequena nebst einigen Felsen tiefer im Küstenlande nennt Morrell abermals vulcanisch, was bei ihm überhaupt

von Africa wurden ähnliche dunkle oder selbst schwarze Felsen unfern dem Nordrande des Garip durch Capitain Alexander gefunden, der zugleich mehrere nordwestlich von dem durch seine Thermalquellen bekannten Missionsplatze Nisbethbaths anstehende schwarze, kegelförmige Felsen, welche sich dort isolirt aus einer weiten Sandebene erheben, mit dem Namen Klingstein belegte [1]), obgleich dieselben schwerlich etwas anderes als Basalte sind. Es fand nämlich schon in der Nähe dieses Punktes und zwar östlich davon ein anderer Englischer Reisender, Namens Backhouse, dessen Werk über Süd Africa sich mehr, als jedes andere ähnliche durch eine sorgfältige Berücksichtigung der geognostischen Verhältnisse auszeichnet,

---

wohl nur so viel, als basaltisch bedeutet. Namentlich soll diefs mit den Rändern und der Oberfläche der in derselben Bay gelegenen Mercursinsel (Mercury Island) der Fall sein. Selbst die in der neueren Zeit durch ihren Guanoreichthum so bekannt wordene Insel Ichaboe wird von Morrell mit den anderen zwischen Angra Pequena und Possession Island liegenden Inseln als vulcanisch erwähnt (I, 160), während ein anderer mit besseren Kenntnissen, wie es scheint, ausgerüsteter Forscher, der Englische Arzt Eden in seiner neueren Schrift: The search for nitre. London. 1846, 33 Ichaboe nur einen bis 70 Fufs über den Meeresspiegel ansteigenden Serpentinfels nennt und hinzufügt, dafs 8—9 Engl. Meilen N. dieser Insel sich auf dem Festlande anstehende Grünsteinfelsen mit Gängen von weifsem Quarz, aufserdem aber auch Röllinge von entschieden vulcanischem Ursprunge, die ganz wie Honigscheiben durchlöchert sind, am Strande finden (a. a. O. 38—39). Endlich beschreibt noch Morrell in diesen Gegenden die Vogelinsel (24° 35 N. B.) als das Erzeugnifs einer mächtigen Erderschütterung, wodurch unregelmäfsig gestaltete Basalt-, Laven- und andere vulcanische Blöcke über einander gehäuft wurden (65), wogegen Eden (75) dieselbe nur als granitisch kennen lernte.

[1]) An exped. I, 163, 177, 178.

an dem kleinen Amseflüſschen Basaltberge, welche dort aus einer prismatisch zerklüfteten Masse bestehen [1]).

Daſs es im Süden des Garip längs der Küste entschiedene vulcanische Gesteine gibt, ist sehr zu bezweifeln, da kein Reisender mit Ausnahme Morrells dergleichen beobachtet zu haben scheint [2]) und weil sogar Barrow, ein sehr zuverlässiger und zugleich umständlicher Berichterstatter im Beginne dieses Jahrhunderts, ausdrücklich nach seinen Beobachtungen im Caplande, wo er auch die Westküste an verschiedenen Punkten kennen lernte, die bestimmte Behauptung aussprach [3]), es fehlten vulcanische

---

[1]) Backhouse a narrative of a visit to the Mauritius and South Africa. London 1844, 560.

[2]) So ist es namentlich auch zweifelhaft, ob die auſserordentlich hohen und unfruchtbaren Felsen, welche das untere Bette des Garip bei dem ehemaligen Missionsplatz Pella einschlieſsen, basaltische sind. Aus den Angaben eines geognostisch freilich sehr unwissenden Reisenden, des ehemaligen Missionspredigers J. Campbell Travels in South Africa. (First Journey) London 1815, 301) scheint sich dieſs wirklich zu ergeben, da derselbe die Gesteinmassen auf der Nordseite fast schwarz nennt, während die auf der Südseite theils roth, theils braun waren, doch aber ihrer Oberfläche nach ihm, wie in einem Ofen gebrannte und noch mit Asche bestreute Felsmassen erschienen. Dieſs gebe verbunden mit der gänzlichen Nacktheit ihres Aeuſsern der ganzen Localität ein völlig todtenartiges Ansehen. Dagegen ist zu bemerken, daſs Backhouse (547, 549, 567, 576) in derselben Gegend vorzugsweise nur Granit, Quarz und Gneisfelsen antraf, und daſs er nur von einem einzigen isolirten Hügel erwähnt (548), daſs er ihm als basaltisch erschienen sei, so wie er einige vollkommen schwarze Berge zwischen den Granitbergen gar nicht als basaltisch nennt (567). Von der petrographischen Natur der auch von ihm wahrgenommenen rauhen, braunen Berge bemerkt übrigens der eben erwähnte Reisende gar nichts (548 u. 549).

[3]) An account of travels in to the interior of South Africa, 2 Vol. 1801 und 1804. II, 119, wo zugleich bemerkt wird, daſs auch an dem Südrande des Continents, an der Algoabay, Bimssteine angeschwemmt würden.

Producte in Süd Africa gänzlich, und die Bimssteine, welche man in der Nähe der Capstadt auf der Robbeninsel finde, seien nur vom Meere ausgespült. Morrell versichert dagegen ausdrücklich [1]), es bestehe längs der ganzen Westküste des Caplands von der St. Helenenbay bis zum Kousie, dem bisherigen Gränzflusse der Colonie, ja sogar bis zum Cap Volta zunächst der Mündung des Garip überall der Gipfel der Berge nur aus einer einzigen vulcanischen Masse, ja er fügte sogar, angeblich nach seinen eigenen, an vielen Stellen dieses Landstrichs gemachten Beobachtungen die Behauptung hinzu, dafs in demselben Laven in unregelmäfsigen Massen, doch mit bestimmt erkennbarer Schichtung vorkämen, ferner dafs Bimssteine sogar bis mehrere Meilen im Inneren unregelmäfsige Hügel bildeten, ja endlich, dafs die ganze Küste zwischen der genannten St. Helenabay und dem Elephantenflusse unzweideutige Beweise liefere, dafs sie einst durch vulcanische Eruptionen bewegt worden sei [2]). — Etwas tiefer im Binnenlande scheinen dagegen in diesen westlichen Theilen der Cap Colonie plutonische oder vulcanische Massen nicht zu fehlen, wenn man auch noch keine Kratere oder wirkliche Laven darin gefunden hat. So erwähnt z. B. Backhouse [3]) von ihm beobachtete Basaltspuren in der Nähe des Khamiesbergstocks, und wir finden ferner bei einem anderen neueren Reisenden v. Meyer nicht allein Basaltmassen in ganz eigenthümlicher Gestaltung in dem Breede Rivierthale [4]), sondern selbst doleritische Gesteine

---

[1]) S. 51.

[2]) S. 48.

[3]) S. 529.

[4]) Reisen in Süd Africa während der Jahre 1840 und 1841. Hamburg 1843, 41. v. Meyer war sogar der Meinung, dafs die den Namen Slaugheuvel, d. h. Schlangenhügel führenden 3 phantastisch zerrissenen und, wie es ihm schien, von der Gewalt eines unterirdischen Feuers emporgehobenen Basaltmassen

bei Pienarskloof angegeben, wo diese letzteren sogar eine grofse Zahl von Thurm-, Obelisken- und Pyramiden ähnlichen Felsen bilden [1]).

Der südlichste Rand des Continents endlich, so weit er dem Caplande nach dessen bis vor wenigen Jahren gültigen Gränzen angehört, erscheint jedoch fast frei von Basalten und selbst da, wo letztere vorkommen, tragen sie so wenig den Character ächt vulcanischer Gebilde, wirkten sie früher so wenig störend auf die äufserst regelmäfsigen Lagerungsverhältnisse der geschichteten Gebilde ein und veranlafsten sie im Allgemeinen in so geringem Mafse Umbildungen der durchbrochenen Gesteine, dafs Barrows Behauptung über einen gänzlichen Mangel vulcanischer Producte in dem ihm bekannten Theile von Süd Africa dadurch ganz erklärlich wird. Doch finden wir bei dem eben genannten um die Kenntnifs des Caplandes so verdienten Reisenden allerdings zuerst eine Nachricht über das Vorkommen von Felsgesteinen, die er im Geiste seiner Zeit zwar nicht selbst für Erzeugnisse eines feurigen Processes ansah, deren Entstehung unter Mitwirkung einer höheren Temperatur jedoch die neuere Geognosie nicht mehr abläugnet. Barrow traf nämlich am nördlichen Fufse des hohen unter dem Namen der Zwarteberge bekannten Gebirgszuges zwischen dem Gamka und dem Traka (Jungfern) Flusse ganz aus Mandelstein bestehende Hügel, und er verglich diefs Gestein sogar ausdrücklich mit dem bekannten Toadstone von Derbyshire [2]).

---

die deutlichen Reste eines erloschenen Kraters seien. Diese Mittheilung wäre allerdings sehr lehrreich, wenn nur der Berichterstatter sich überhaupt gewachsener geognostischen Auffassungen zeigte.

[1]) S. 59.

[2]) I, 101. Mandelsteine scheinen übrigens am Südrande des Caplandes nicht grade selten zu sein, wenn man nach dem leider ohne Angabe der Fundorte (mit einziger Ausnahme des

Nicht sowohl durch eine sehr mächtige Entwickelung, als durch ihr gangförmiges Auftreten sind in neuerer Zeit besonders einige Grünsteine oder Basalte an der Capischen Halbinsel aufgefallen, die einerseits an der Basis der drei grofsen Berge zunächst der Capstadt, anderseits südlicher davon an der Simonsbay beobachtet wurden. Am nordwestlichen Fufse des Löwenbergs durchsetzt nämlich ein breiter, zuerst von Clarke Abel beobachteter Basalt [1]) oder Doleritgang [2]) zwischen Green Point und van Campsbay eine Granitwand, die den unteren Theil des Berges bildet. Es besteht derselbe aus rundlichen Blöcken, und

---

Orts Tulbagh in dem oben erwähnten Breede Rivierthale) von Hehl verfafsten schätzenswerthen Verzeichnisse von Gebirgsarten des Caplandes schliefsen darf. Aus den diesem beigefügten kurzen erläuternden Anmerkungen ergibt sich übrigens, dafs die Capischen Mandelsteine sich ihrer rothen Jaspise, Calcedone, Analcime, Mesotype und ihrer Grünerdeeinschlüsse wegen ganz an die Sub-Alpinischen bei Verona und Bassano oder auch an diejenigen Mandelsteine anschliefsen, welche mit den dichten Basalten der ungeheuren Trappablagerung auf den Hochebenen Vorder Indiens nach Col. Sykes (Transactions of the Geological Society of London. New Ser. 1836. IV, 2, 424), Malcolmsons (ebendort V, 3, 548) und Franklins (ebendort 1829. III, 194) Beobachtungen so innig verbunden sind und einen gleichen Reichthum an rothen Jaspisen, Achaten, krystallisirtem Quarz, Zeolithen, Analcimen und auch an Grünerde darbieten. Bemerkenswerth ist übrigens noch Hehls Angabe, dafs im Caplande mit den gewöhnlichen Basalten verschlackte vorkommen, weil dadurch letztere bis jetzt das einzige im Caplande bekannte Vorkommen von Producten eines entschieden feurigen Processes würden. (Leonhard J. 1837, 515).

[1]) Clarke Abel Narrative of a journey in the interior of China. London 1818, 287.

[2]) Kraufs in Leonhard und Bronn Neuem Jahrb. für Mineralogie 1839, 62, Caermichael, ein Schüler Jamesons, nennt das Gestein dieses und der übrigen zahlreich hier aufsetzenden Gänge ausdrücklich Pyroxengrünsteine (Jameson in der Edinburgh Cabinet library. Africa. Sec. Ed. 1832, 428).

er wird aufserdem durch eine Querkluft in zwei Theile getheilt, welche jedoch in Folge einer Rutschung nicht mehr auf einander passen, sondern getrennt sind und jetzt gewissermafsen seitlich von einander liegen [1]. Der Würtembergische Naturforscher Kraufs, der auch den hiesigen geognostischen Verhältnissen seine Aufmerksamkeit gewidmet hat, erwähnt aber an dieser Stelle nicht einen, sondern sogar zwei solcher Gänge von resp. 4 und 20 Fufs Stärke, die kaum 100 Schritte von einander entfernt mit einem Streichen in h. 11 im Granit aufsetzen und nach einiger Unterbrechung wiederum an dem Westrande des Bergpasses (der sogenannten Klooft) erscheinen sollen, der den Löwenkopf vom Tafelberge trennt. Ihre Masse ist kugelig abgesondert, der benachbarte Granit ohne alle Spur von Störung. Aufserdem durchsetzen noch kleinere vielfach verzweigte und gewundene Doleritgänge den Granit an der Klooft. — Am NNW. Abhange des zweiten grofsen Berges zunächst der Capstadt, des Teufelsberges, gibt es ebenfalls einen Doleritgang, der abweichend von der bisher allein bekannten Weise des Auftretens der hiesigen Dolerite nur Thonschiefer- und Grauwackeschichten durchbricht, dieselben aber nicht verändert. Er beginnt mit einer Mächtigkeit von 3 Fufs, die sich allmählig bis auf 15 Fufs erhöht; seine Masse ist zerstört oder säulenförmig zerklüftet und von einem schmalen, schwarzen, glänzenden Saalbande begleitet. Häufig ist auch der Gang gewunden, doch steigt er nicht bis zum Sandstein im Hangenden des Thonschiefers selbst auf, sondern endet ungefähr 30 Fufs unter der Gränze [2]. — Ein abermaliges gangförmiges, nur kleineres Basaltvorkommen wurde noch von Backhouse am Abhange des Tafelberges selbst, und zwar an der Plaet Klip

---

[1]) In Fig. 3. von Clarke Abels Werks ist der sehr zersetzte Gang abgebildet.

[2]) Kraufs a. a. O. 62 63.

(flache Klippe) genannten Stelle beobachtet [1]. Selbst an der Simonsbay fand endlich ein anderer zuverlässiger Beobachter, der Capt. Basil Hall, ebenfalls zwei Dolerit oder Basaltgänge, die an der östlichen Felswand derselben im Granit aufsetzen [2]. Sicherlich werden fernere Beobachtungen in dieser Hinsicht noch zu neuen Resultaten führen, indem das Auffinden von Basaltgängen durch Backhouse sogar in den nördlich der Capischen Halbinsel gelegenen Franch Hoek Gebirge darthut [3], dafs das Emportreten der in Rede stehenden plutonischen Gesteinen sich früher nicht auf die Halbinsel selbst beschränkte.

Hat man aber längs dem ganzen Südrande des Caplandes bis jetzt keine weitere Basaltmassen kennen gelernt, so wurde in den östlichsten Theilen des letzteren dagegen deren Auftreten in neuerer Zeit desto häufiger erforscht. Von vorzüglichem Interesse ist in dieser Hinsicht besonders die neuere Arbeit eines Englischen Civilingenieurs Bain geworden [4], da dieser bei den von ihm in der Umgegend des Englischen Forts Beaufort und längs der östlichen Gränze der Cap Colonie geleiteten ausgedehnten Strafsenbauten häufig die Gelegenheit hatte, sowohl die staunenswerthen Ausdehnung der dortigen Grünsteine (Basalte), als auch deren gangförmiges Emportreten aus der Tiefe zu beobachten. Bains bildliche Darstellung der Verhält-

---

[1] A. a. O. 85. Es ergibt sich übrigens hieraus, wie unrichtig die Behauptung von Kraufs ist, dafs am Tafelberge selbst solche Gänge nicht vorkämen (S. 62).

[2] Transactions of the Royal Soc. of Edinburgh. 1815, VII, 276. wo diese Gänge Whindykes genannt werden, eine Bezeichnung, die nach der Natur einiger der Nord Englischen Whindykes vermuthen läfst, dafs dieselben nicht aus gewöhnlichem Dolerit oder Basalt, sondern aus Hyperit bestehen.

[3] S. 614.

[4] Transactions of the Geol. Soc. of London. New. Ser. VII, 1. 56—58.

nisse erweist zuvörderst auf das deutlichste, dafs in diesen bis vor Kurzem östlichsten Theilen des Caplandes eine 50 Fufs mächtige Grünstein (Basalt) masse am Katzenflusse (dem Kat Rivier) ausgezeichnet gleichförmig auf dem horizontal geschichteten Sandstein, der alle Berge bildet, aufruht, und da diese oben tafelförmig gestalteten Berge sämmtlich von gleicher Höhe sind, so erscheint auch die Annahme, dafs alle Kappen einst in einem ununterbrochenen Zusammenhange gestanden haben und nur einer einzigen grofsen Decke angehörten, vollkommen gerechtfertigt. Ausdrücklich sagt Bain bei dieser Gelegenheit, dafs diefs Verhältnifs sich bei allen Bergen dieser Gegend im Süden, des hohen Winterberges findet, so dafs hier eine 500—600 Englische Meilen in westöstlicher Richtung lange Hochebene, die zugleich von Norden nach Süden 200 Meilen breit ist und 3 und 4000 Fufs über dem Meeresspiegel ansteigt, überall denselben Caracter an sich trägt. Dafs es hier endlich auch an Trappgängen nicht fehlt, erweist nach Bains Bericht die Umgegend der Militairstation Post Retief und die Localität von Dans Hoogte; ja höher hinauf sollen die Gänge sogar so zahlreich sein, dafs der Sandstein mit diesem Grünstein sich völlig gemengt zeigt, oder auch dafs jene im Sandstein netzförmig auftreten. Ueber dieser gewaltigen Hochebene erheben sich noch weitere 500—3000 Fufs hohe, lange, zusammenhängende Züge von Bergen zugleich mit isolirten Bergen, sämmtlich oben tafelförmig gestaltet und eine Trappdecke tragend, welche der Landschaft einen ganz eigenthümlichen Character verleihen. Zu ihnen scheint sogar einer der höchsten Berge dieser Gegend überhaupt, der ebengenannte Winterberg, zu gehören, dessen bis 6000 Fufs über der Meeresfläche erhabener, tafelförmiger Gipfel gleichfalls eine von Trapp gebildete Kappe trägt [1]). Die Trappgänge va-

---

[1]) Diefs ist muthmafslich richtiger, als die Angabe des schon ge-

riiren übrigens nach Bain in einer Stärke von 8—100 Yards, und es lassen sich viele davon 50 Englische Meilen weit verfolgen, während die oberste Trappdecke der Felsen 50—200 Fufs Mächtigkeit besitzt und zugleich in ungeheure Säulen zerklüftet ist. Schon Bain bemerkt mit Recht hierbei, dafs, wenn das Ganze der oberen Tafelflächen wirklich einst im ununterbrochenen Zusammenhange gestanden hat, der Zerstörungsprocefs, welcher die Trennung der einzelnen Berge bewirkte, dann auch von einer gigantischen Entwickelung gewesen sein müsse. Dafs aber ein solcher Procefs überhaupt möglich war und in der Vorzeit noch auf anderen Punkten der Erde stattgefunden hat, erweist nicht allein das mit allen diesen Erscheinungen in Süd-Africa völlig übereinstimmende Auftreten des Basalts gegen die tertiären Kalke bei Clermont in der Auvergne, sondern namentlich auch die durch eine ganze Reihe Englischer Geognosten wie z. B. durch Franklin [1]), Voisey [2]), Dangerfield [3]), Sykes [4]) und Malcolmson [5]) bekannt wordenen Verhältnisse auf den Hochebenen von Dekan, Malwa und Bundelcund in Vorder Indien, wo gewaltige Landstrecken einzig durch denselben rothen Sandstein, wie die südafricanischen Ebenen gebildet, gleichzeitig aber auch von aufserordentlich ausgebreiteten, oben flachen Trapp-

---

nannten Capt. Alexander, dafs der Winterberg selbst, dessen Gestalt er imponirend nennt, aus Trapp bestehe. Nur die niederen Berge gibt dieser Reisende als aus Thonschiefer und Sandstein gebildet an (Excursions in Western Africa and narrative of a campaign in Kafirland by Sir Alexander. 2 Vol. London 1840. I, 384).

[1]) Ebendort 1829. III, 194—199.

[2]) Asiatic Researches XVIII, 192 u. s. w.

[3]) J. Malcolm Central India. London 1823. II, 320, 327.

[4]) Transactions of the Geol. Soc. of London. New Ser. 1836. IV, 414—418, 422—425.

[5]) Ebendort 1840. V, 560, 561, 565 u. s. w.

massen bedeckt werden [1]). Wo nun irgend hier die atmosphärische Zerstörung Platz greifen konnte, sehen wir genau dieselben tafelförmigen Felsen, wie in Süd Africa aufsteigen [2]). Die Wiederholung solcher Phänomene aber, die auf ähnliche Weise selbst im Gebiete anderer Gesteine stattfindet, hat meiner Ansicht nach ein viel allgemeineres geognostisches Interesse, indem dadurch erwiesen wird, dafs die Bergbildung nicht so ausschliefslich von Hebungen herrührt, sondern oft nur dadurch erfolgte, dafs eine local schwierigere Zerstörbarkeit harter neptunischer oder vulcanischer Gesteinmassen die Vernichtung der darunter liegenden in der Art hinderte, dafs diese sich unter der schützenden Decke bergartig über dem allgemeinen Niveau eines Landstrichs erhielten, während umgekehrt eine Tieferlegung der benachbarten Oberfläche überall erfolgte, wo die Decke ihrer eigenen Zerstörung nicht hinlänglichen Widerstand leistete [3]). Die Verbreitung des Basalts, Trapp oder Grün-

---

[1]) Ebendort V, 561.

[2]) Schon Voisey (a. a. O. 191) erwähnt im Trappgebiet Central Indiens das Auftreten von Gruppen von Tafelbergen, ferner Sykes (412), dafs die Verwitterung aus den Kappen Säulen, Thürmen, Spitzen und ähnlichen Kunstwerken ähnliche Felsen schafft, was unzweifelhaft häufiger auch in den Trappgebieten Süd-Africas stattgefunden hat, wie noch erwähnt werden soll.

[3]) Besonders Sykes Darstellung der Verhältnisse der grofsen Trappablagerung in Dekan liefert bis in das kleinste Detail eine höchst merkwürdige Uebereinstimmung zwischen den geognostischen Eigenthümlichkeiten des südafricanischen Trappdistricts und denen Central Indiens. Auch in Indien bestehen nämlich die Kappen so sehr aus mehr oder weniger säulenförmig zerklüftetem Gestein (S. 412), dafs Sykes diese Säulenstructur sogar als einen allgemeinen Character der Gebilde Dekans erkannte. Gleichzeitig erscheinen in letzterem Lande Mandelsteine äufserst häufig und in so inniger Verwandschaft mit Basalten, dafs ihre Trennung von diesen nicht überall durchzuführen ist (415). Deutliche vulcanische Gebilde, wie etwa Schlacken, sind dagegen in Indien so selten (Malcolm-

steins [1]) in den Landstrichen längs der ehemaligen östlichen Gränze des Caplandes wurde übrigens nicht allein von Bain, sondern auch von andern Berichterstattern beobachtet. So traf z. B. Backhouse unfern dem unteren Laufe des Grofsen Fischflusses, der lange Zeit die Gränze der Cap Colonie gegen das Kafferland bildete, Basalt im Wechsel mit Thon- und Kieselschiefer [2]), welche letztere unzweifelhaft hier, gleich dem Sandstein anderer Stellen, gangweise vom Basalt durchsetzt werden. Höher den Flufs hinauf, aber immer noch auf dessen westlicher Seite scheint überall dasselbe Verhältnifs fortzudauern, indem auch bei dem Districtshauptort Cradock Basaltfelsen zwischen den dortigen aus Thonschiefer bestehenden Bergrücken auftreten [3]), und zwischen Cradock und einem anderen Districtshauptort Colesberg abermals Basalte im Thonschiefergebiet sich finden [4]). Besonders ist die Umgegend Colesbergs

---

son 562; Sykes 428; Dangerfield II, 325), wie in Süd Africa, und es versicherte deshalb Sykes ausdrücklich dergleichen in Dekan nirgends selbst gesehen zu haben. Die isolirten Basaltkappen stellt besonders der letzte Berichterstatter a. a. O. in Tab. XXVII und XXVIII dar.

[1]) Gleich wie die Englischen Geognosten die in Rede stehenden Gesteine Indiens bald Trapp, bald aber auch Grünstein oder Basalt nennen und dieselben stellenweise sogar als wahre Dolerite zu beschreiben scheinen (Sykes 424, wo aber Labrador mit Cleavelandit verwechselt wird; Dangerfield II, 324), geschieht dasselbe auch in Süd Africa, wo Bain mit Burchell dieselben zwar gewöhnlich Grünstein, stellenweise sie aber auch Basalt nennt (56 u. 57). Letztere Benennung ist sogar bei Backhouse die gewöhnliche. Dafs endlich in Süd Africa einzelne Vorkommnisse ebenfalls eine krystallinisch körnige Beschaffenheit, gleich den Europäischen Doleriten, besitzen war bereits nach Kraufs und Caermichael angegeben.

[2]) Backhouse 311.

[3]) Ebendort 331.

[4]) Ebendort 336.

selbst, das bereits in der Nähe eines der gröfsten Quellströme des Garip, des schwarzen Flusses nämlich oder Zwarte Rivier der Colonisten liegt, mit Basaltmassen erfüllt [1]). Nördlich Cradock bilden endlich die letzteren Reihen grofser protesker Felsen, die mit anderen Bergen von der Form abgestumpfter Kegel [2]), auf denen noch senkrechte Felsen aufsitzen, wechseln. Bei Colesberg erscheinen die Basaltberge, unter denen sich besonders einer, der Toverberg, auszeichnet [3]), abermals prismatisch zerklüftet. Da aber zugleich die obere Fläche zweier, 20 Englische Meilen NNW. vom Winterberge gelegener Tafelberge nebst den Gipfeln der phantastisch gestalteten Berge am Tarkaflusse aus Trappgesteinen besteht [4]), und der Weg von Colesberg nach dem schwarzen Flusse sich ebenfalls zwischen Basaltfelsen hindurchwindet [5]), ja dieser Flufs selbst seinen Namen, der nur eine genaue Uebersetzung des Hottentottschen Worts Nu Garip ist [6]), von der übergrofsen Zahl schwarzer glänzender Basaltfelsen erhielt, womit seine beiden Ränder begränzt sind [7]), so ergibt sich, dafs

---

[1]) Ebendort 341 und Philip Researches in South Africa. 2 B. London 1828. II, 49.

[2]) Auch darin stimmen die Verhältnisse des Süd Africanischen mit dem Vorder Indischen Trapp überein, dafs kegelförmige isolirte Berge selbst im Gebiete des letzteren nicht fehlen (Voysey 189, Sykes 412, 414).

[3]) Philip nennt diesen Tover- oder Zauberberg sogar einen geognostisch sehr interessanten Punkt und Campbell (Travels in South Africa. Sec. Journey. 2 Vol. London 1822. II, 317) sagt von ihm: Being much higher, than any other hill around, stood majestically like a king in the midst of his subjects.

[4]) Bain 57.

[5]) Backhouse 349.

[6]) Burchell Travels in the interior of Southern Africa. 2 Vol. London 1822—1824. II, 43.

[7]) Dergleichen finden sich besonders bei dem ehemaligen Mis-

die Basaltdecke der ersten niederen Terrasse des Winterberges nach Norden und Süden hin gleichmäfsig zu verfolgen sein dürfte, und dafs die jetzt vereinzelten Basaltkappen dieser Gegenden vermuthlich einst sämmtlich nur einer einzigen unermefslichen Ablagerung angehörten [1]), die sich längs der ganzen östlichen Gränze des Caplandes verbreitete und, wie bald dargethan werden soll, selbst jenseits des Grofsen Fischflusses in der muthmafslich bis Cap Natal reichenden langen Terrasse der Kafferländer in weiten Strecken nachzuweisen sein möchte. Ist diefs richtig, so stände auch die Ausdehnung dieses aufserordentlichen Trappgebiets schwerlich der staunenswerthen Verbreitung des Trapps in Central Indien nach, wo namentlich Sykes dessen Oberfläche schon zu 200,000 — 250,000 Englischen Quadratmeilen annahm [2]). Höchst bemerkenswerth ist übrigens, welchen günstigen Einflufs diese Gesteine auf den Wasserreichthum und die Vegetation Süd Ost Africas im Gegensatze von Süd West Africa, wo fast ausschliefslich Sandsteine herrschen und, wie angeführt, der Basalt nur sehr vereinzelt auftritt, ausüben. Mit der allgemeineren Verbreitung der Basalte erscheint nämlich der Boden sogleich schwarz und fruchtbar, und es bedecken sich sofort die Berggehänge mit der üppigsten Waldvegetation, während gleichzeitig eine Anzahl beständig rinnender Bäche von den Basaltbergen sich ergiefst [3]). Umge-

---

sionsplatze Ramah. Campbell a. a. O. II, 300; Backhouse 438.

[1]) Auch Bain (56) spricht sich bestimmt dahin aus, dafs die Basalte des Caplandes innerhalb dessen bisherigen Gränzen etwa 7 Breitegrade weit zu verfolgen seien, was in der That sehr wohl mit den Angaben stimmt, die ich aus anderen Quellen für das westlichere Auftreten des Basalts in dem obersten Binnenplateau gleich anführen werde.

[2]) Sykes 429.

[3]) Die Zersetzung des Trapps liefert nämlich hier, wie in Eu-

kehrt gehört das Sandsteingebiet des Caplandes zu den dürrsten Strichen auf Erden, wo nur vereinzelte Quellen oasenartig die Cultur des Bodens möglich machen, und welches so nackt und vegetationslos ist, dafs es in den sogenannten Schneebergen sogar erwachsene Einwohner gibt, die ohne ein Verlassen ihres Wohnsitzes in ihrem Leben niemals einen Baum zu sehen bekommen.

Bei der aufserordentlichen Ausdehnung aber des südafricanischen Trappgebiets und der gleichzeitig aufserordentlichen Regelmäfsigkeit im Auftreten seiner Massen, durch welche letztere die Lagerungsverhältnisse der älteren geschichteten im Liegenden nur höchst selten gestört wurden, ist es hier, wie in Indien und nach Krug von Niddas Darstellung in Island, wo dieselben Trappgebilde in gleicher Regelmäfsigkeit weite Strecken bedecken [1]), höchst schwierig, die Art und Weise ihres jetzigen Auftretens nach der Analogie der neueren Lavenströme einzusehen. Sprechen aber bis jetzt alle Erfahrungen unbedingt dafür, dafs die Basalte und sämmtliche ihnen nahe stehende Gebirgsgesteine feurigen Ursprungs sind, so dürfen wir nur anzunehmen, dafs die Art des Emportretens aller solcher Massen in Süd Africa, Indien und Island bis zu der Ober-

---

ropa, nach den Beobachtungen des Missionair Brownlee (G. Thompson Travels and Adventures in Southern Africa. 2 Vol. London 1827. II, 372) einen schwarzen fruchtbaren Thalboden (black loam), der durch seine Zähigkeit das Verschwinden des Wassers in die Tiefe verhindert und zugleich das aufgesaugte höchst schwer verdunsten läfst, so dafs an der Oberfläche stets einige Feuchtigkeit sich erhält. In Indien sind es nach Dangerfield (322) und Sykes (414) vorzugsweise nur die basaltischen Mandelsteine, deren Zersetzung einen mit Vegetation bedeckten Ackerboden liefert und geneigte Abhänge zeigt, wogegen der eigentliche Trapp jäh aufsteigt und unfruchtbar bleibt. Auch Waldungen trägt in Indien der verwitterte Mandelsteinboden häufig.

[1]) Krug von Nidda in Karstens Archiv. 1833. VII, 480.

fläche der festen Erdrinde in der Vorzeit ganz verschieden von derjenigen war, wonach jetzt noch basaltische Lavenströme erscheinen und sich an den Abhängen der Vulcane verbreiten. Bekannt ist übrigens in dieser Hinsicht, dafs selbst in dem weiten Trappgebiete Islands sich nicht ein einziger Krater findet, wogegen die Unzahl der noch thätigen Vulcane der Insel ausschliefslich der trachytischen Zone im Inneren der letzteren angehört [1]), ein Verhältnifs, welches mit dem absoluten Fehlen jeder Spur brennender Vulcane in unserm südafricanischen Trappgebiet [2]), ja selbst mit dem dortigen Mangel erloschener Kratere auf das Vortreffliche übereinstimmt. So wenig aber sonst die Ansicht Wahrscheinlichkeit haben dürfte, dafs jene ungeheuren Trappmassen allein durch die engen Canäle, wie sie jetzt noch in Indien [3]) und Süd Africa [4]) durch die

---

[1]) Ebendort 455 u. s. w.

[2]) Schon Backhouse bemerkt ganz richtig, wenn man nur seine Worte auf den südlichsten Theil des Continents, oder auf die Cap Colonie, die Kaffern-, Beschuanen- und Hottentottenländer beschränkt, dafs kein activer Vulcan in Süd Africa bekannt sei. Lichterscheinungen in Sümpfen, die angeblich an 2 Stellen vorkommen sollen, rechnete er mit Grund nicht zu den vulcanischen Phänomenen (S. 410).

[3]) Das Auftreten von Trappgängen wird von Sykes an verschiedenen Punkten Dekans erwähnt (418, 429), nicht minder durch Cap. Dangerfield in Malwa (Malcolm Central India. II, 330). Die hier endlich häufig berührte Uebereinstimmung in den geognostischen Verhältnissen Süd Africas und Central Vorder-Indien ergibt sich übrigens auch dadurch, dafs die Trappgänge im Dekan nicht allein Sandsteine, sondern auch den Granit, das Liegende der dortigen Sandsteine, durchsetzen (Calder in Asiatic Researches XVIII, 1, 10 und Voisey bei Malcolmson 575).

[4]) Schon Bains Zeichnung erweist (S. 57), dafs die von unten aufsteigenden Trappgänge bis zu den Kappen auf dem Gipfel der Tafelberge selbst reichen. Ein gleiches Verhältnifs beobachtete Backhouse, wie noch mitgetheilt werden wird, am

Trappgänge angezeigt werden, aus dem Inneren der Erde aufgestiegen sind, so ist sie dennoch in Ermangelung jeder anderen genügenderen schwerlich ganz zurückzuweisen [1]).

Verfolgt man auch die vulcanischen Producte des Inneren zuvörderst östlich von Nu Garip in den weiten Grasebenen des ungeheuren Quellstromlandes des Garip bis zu dem unter dem Namen der Witteberge [2]) bei den Colonisten Europäischer Abkunft oder des Quathlamba bei den Eingeborenen [3]) bekannten hohen, gebirgsartig aufsteigenden Ostrande des obersten südafricanischen Binnenplateaus, so ergibt sich, dafs fast alle dortige Sandsteinfelsen, die isolirt, steil und in mannigfacher Gestaltung aufsteigen [4]) gleich den Tansbergen am Kiusip und den Sandsteinfelsen in der Nähe des Grofsen Fischflusses beständig eine mächtige und gleichförmig gelagerte Basaltdecke auf ihrem tafelförmigen Gipfel tragen. Diefs erweisen namentlich die Umgebungen

---

rechten Ufer des Nu Garip, so dafs wenigstens die Möglichkeit vorhanden ist, dafs ein Theil der Basaltmassen durch die ehemaligen Spalten der jetzigen Gänge auf die einstige Oberfläche der festen Erdrinde gelangte. Backhouse fernere Beobachtungen thun aber zugleich dar, dafs der Basalt bei seinem Aufsteigen in dem Sandsteine solche Veränderungen bewirkte, wie dergleichen auch an anderen Punkten der Erde bei Basaltgängen bekannt sind.

[1]) Wie man sich aber überhaupt die Bildungsweise der ungeheuren Basaltdecken Indiens mit ihrer auf weite Strecken fast ebenen Oberfläche zu denken habe, darüber spricht sich weder Franklin, noch Sykes, noch Malcolmson aus.

[2]) Backhouse 366.

[3]) Ebendort 366.

[4]) Backhouse versichert ausdrücklich (366) und seine kleinen, aber anschaulichen Skizzen bestätigen es, dafs in den Grasebenen am rechten Ufer des Garip isolirte Sandsteinfelsen von mannigfacher Gestalt sich darbieten.

der Missionsplätze Morija [1], Thaba Bossiou [2], Plaatberg [3], Lishuani [4], Makwatling [5], Mirametsu [6], Imparani [7] und Umpukani [8], von denen bereits Morija und Thaba Bossiou hart am Quathlamba liegen. Kegelförmige Berge fehlen übrigens selbst hier nicht, indem in den Berichten der in Süd Africa stationirten Französisch Evangelischen Missionare ausdrücklich bemerkt wird [9], dafs von den drei NNW. von der Missionsstation Philippopolis am sogenannten Kopjes Kraal liegenden Basalt oder Grünsteinbergen zwei die Gestalt eines Doms haben, der dritte die eines Zuckerhuts besitzt. Nicht minder führt die Charte zu Backhouse Reise [10] in dem durch gewaltige Anhäufungen von Basaltfelsen verschiedener Höhe, die darin bis 500 Fufs über dem allgemeinen Niveau der Gegend ansteigen, ausgezeichneten Landstriche [11] zunächst dem rechten Ufer des Caledonflusses (einem Zustrom des Nu Garip) ausdrücklich einen conischen Berg an. Ob derselbe aber, wie die übrigen ähnlich geformten ganz aus Basalt besteht, ergibt sich nicht aus dem Werke selbst, so wenig als diefs von den schlechtweg ba-

---

[1]) Backhouse 364.
[2]) Ebendort 366.
[3]) Ebendort 384.
[4]) Ebendort 388.
[5]) Ebendort 389.
[6]) Ebendort 393.
[7]) Ebendort 396.
[8]) Ebendort 408.
[9]) Journal des Missions evangéliques. Paris 1834. IX, 35. Weiter im Osten soll sich noch ein Zuckerhutberg erheben. Backhouse (434) stimmt damit überein.
[10]) Durch dieselbe und Backhouse Werk (434) wird auch der Französische Bericht über das Vorkommen der Kegel bei Kopjes Kraal bestätigt.
[11]) Backhouse 353, wo hinzugefügt wird, dafs die hiesigen merkwürdigen Felsen nach allen Richtungen aus der Ebene aufsteigen.

saltisch genannten Bergen rund um Philippolis [1]), zu Bethulia (SO. von Philippopolis) [2]) und Berseba (ONO. von dem letztgenannten Orte) [3]) bekannt ist. Desto gewisser sind die Felsen zu Bethanien (zwischen Philippopolis und Berseba) ächt basaltische, indem diese nach den lehrreichen Skizzen bei Backhouse [4]) und nach den ganz damit übereinstimmenden handschriftlichen Zeichnungen der zu Bethanien wohnenden Berliner Missionare, die ich zu sehen Gelegenheit hatte, theilweise sogar aus den ausgezeichnetsten Säulen bestehen. Von gleichem Interesse ist es endlich aus den Backhouseschen Zeichnungen zu erkennen, dafs auf dem bis 400 Fufs hohen Sandsteinfelsen von Thaba Bossiou ebenfalls eine mächtige, prismatisch zerklüftete und, wie die übrigen Basaltkappen mit fast senkrechten Rändern aufsteigende Decke ruht, während der bei Weitem gröfsere untere, aus Sandstein bestehende Theil des Bergkörpers viel sanftere Abhänge darbietet. Mehrere Pässe führen auf den Gipfel dieses Berges selbst. Einer derselben von 10 Fufs Breite ungefähr folgt hierbei genau der Richtung eines Basaltgangs, der sich von unten auf einen Weg durch den Sandstein gebahnt und mit diesem sogar verschmolzen hat. Zunächst den Rändern dieses Gangs ist der Sandstein gleichzeitig gehärtet und in eine Art Wetzstein verwandelt, und es erheben sich sogar solche gehärtete Partien des Gesteins von jeder Seite des Passes wallartig über die übrige Oberfläche, die also vermuthlich weniger, als jene dem zerstörenden Einflusse der Atmosphäre widerstand. Backhouse Skizze erweist übrigens deutlichst, dafs die Spalte des Ganges einer der Canäle gewesen sein mufs, durch welchen die geschmolzene Basaltmasse einst

---

[1]) Backhouse 349.

[2]) Ebendort 353.

[3]) Ebendort 356.

[4]) S. 421.

bis zu der oberen Platte hinaufstieg. Am Fufse des hohen Felsens kommt endlich der Basalt in einem unregelmäfsigen Haufwerk vor, das, wie der Berichterstatter bemerkt, darauf hinzuweisen scheint, dafs die Masse in einem so wenig flüssigen Zustande zu Tage kam, dafs es ihr schwierig wurde, die früher ausgeflossene weiter zu schieben. — Von nicht geringerem Interesse für die Bildungsweise der hiesigen Trappmassen sind noch die Beobachtungen von Backhouse [1]) über die Gänge, welche bei dem Missionsplatze Imparani den benachbarten, bis 400 Fufs über die Ebene aufsteigenden, oben tafelförmigen Sandsteinfelsen durchbrechen. Sie treten meist schmal auf und bestehen jetzt nur aus einer zerbrochenen oder zersetzten Masse, die aber stellenweise mit dem Sandstein verschmolzen ist. Da jedoch letzterer, ganz wie der Sandstein von Thaba Bossiou, sich durch den Basalt zu einer Art Wetzstein umgebildet zeigt, so dürfte Backhouse Ansicht, der Gang sei eine Art Lavenstrom, wenig von der Wahrheit abweichen. Einige der hiesigen Gänge bilden übrigens Streifen, die über ihre Umgebung emportreten, andere erscheinen auf dem Boden enger Klüfte, und noch andere bieten in der Länge ihres Laufs sogar beide Verhältnisse vereint dar. Einer der hiesigen Gänge, der näher Mekwatling liegt, ist in der Ebene ungefähr eine Englische Meile weit zu verfolgen; er wird allmählig schmäler, wogegen ein anderer in der benachbarten Gegend sich allmählig durch die Gewalt der nachrückenden Lava erweiterte. Im Allgemeinen aber bilden dergleichen Trappgänge hier die einzigen Pässe an den von ihnen durchbrochenen Bergen, welche das Ersteigen dieser letzteren möglich machen. Sie sind dadurch sogar den Bewohnern dieser Landschaften von aufserordentlicher Wichtigkeit, weil diese bei ihren ewigen und blutigen Kämpfen die tafelförmigen

---

[1]) S. 409.

Gipfel zum Zufluchtsort für sich und ihre Heerden in den Tagen der Gefahr wählen [1]) oder sogar auch beständig darauf wohnen [2]). Selbst die in Indien von Sykes erwähnten und, wie er ausdrücklich bemerkt, durch Verwitterung entstandenen Basaltpfeiler [3]) oder Kirchthurm ähnlichen Basaltspitzen fehlen in den Garipländern nicht, indem Backhouse einen dergleichen auf der Spitze eines kegelförmigen Berges bei Thaba Boussiou [4]) wie verschiedene ähnliche zu Makwatling [5]) antraf, und da endlich ein ausgezeichnetes Vorkommen der Art bei dem sogenannten Compafsberge, einem der höchsten Berge des Caplandes, der noch erwähnt werden soll, auf der linken Seite des Nu Garip sich findet [6]).

Da, wie bereits erwähnt, die Basaltfelsen bis zum Fufse des Quathlamba verfolgt werden können, so war mit Grund zu vermuthen, dafs letzterer ebenfalls im Wesentlichen aus ähnlichen Gesteinen bestehen werde, und in der That, wo es irgend in neuerer Zeit vergönnt war, bis an den hohen östlichen Rand des südafricanischen Pla-

---

[1]) Backhouse 364 u. 396, wo namentlich der Fels von Thaba Bossiou als eine für die Eingeborenen unbezwingbare Festung geschildert wird. Sehr bekannt ist es auch, wie die isolirten und jäh, meist sogar senkrecht aufsteigenden Berginseln im Trappgebiet Central Indiens häufig Localitäten zur Erbauung der uneinnehmbarsten Festungen (Sykes 414) abgegeben haben.

[2]) Dr. Smith im J. of the Geogr. Soc. of London. VI, 397.

[3]) S. 412.

[4]) S. 368.

[5]) S. 389. (Abbildung.)

[6]) Auf der schon genannten Prinzeninsel im Busen von Guinea treten ebenfalls zwei senkrechte pfeilerartige Felsen empor, die Capt. Alexander (Excursions in Western Africa I, 206) sicherlich mit Grund für basaltisch anspricht, da sie ganz den sonderbaren pfeilerartigen isolirten Basaltfelsen der Stor auf Sky gleichen (Mac Culloch a description of the Western Islands of Scotland. London 1819. III, tab. VIII.)

teaus vorzudringen, zeigt sich derselbe stets theilweise aus Basalten, theils aber auch und vielleicht gar überwiegend aus Mandelsteinen gebildet. Einer der südlichsten Punkte, wo man die geognostische Beschaffenheit des hohen Plateaurandes Gelegenheit hatte kennen zu lernen, die sogenannten Stormberge, scheint z. B. in der That nach einem Berichte des einzigen unterrichteten Europäers, der bis zu den Gipfeln der Berge vordrang, des Oberst Collins, fast ausschliefslich aus Mandelstein zu bestehen. Bei einer ihm vom Cap Gouvernement aufgetragenen Untersuchungsreise fand nämlich letzterer bereits im Jahre 1809 nicht allein lose Calcedone, Achate und andere eigenthümliche Mineralien auf dem Gipfel der Stormberge, sondern auch die Mandelsteinfelsen selbst, aus denen diese Röllinge ausgeschält worden sind [1]). Noch ist aber kein wissenschaftlicher Europäer bis in denjenigen Theil des hohen Plateaurandes vorgedrungen, der die unmittelbar nördliche Fortsetzung der Stormberge bildet, so dafs erst da, wo der Hochrand gegen Natalien abfällt, uns wiederum ein Urtheil über dessen geognostische Beschaffenheit zusteht [2]). Sehen wir indessen, dafs die aus jenem fast noch unbekannten Theile des Quathlamba kommenden und den beiden Hauptquellströmen

---

[1]) Accounts and Papers relative of the house of Parlament. 1835. XXXIX, 379 (auch unter dem Separattitel: Papers relative to the condition and treatment of native inhabitans of the Cap of Good Hope. 37).

[2]) Freilich besitzen wir ein von den Französisch Evangelischen Missionaren Arbousset und Daumas verfafstes Werk über ihre Excursion in das Innere des Quathlamba (Relation d'un voyage d'exploration an NO. de la colonie du Cap de bonne esperance. Paris 1842), aber leider war die Qualification derselben als Naturforscher oder selbst nur als Beobachter sehr gering. Als Beweis dafür mag hier angeführt werden, dafs sie die Basalte am Caledon nur mit dem Englischen Vulgairnamen Ironstone bezeichnen (146).

des Nu Garip, dem Caledon und dem Stockenstroms Rivier zufliefsenden Bäche diesen eine eben solche Fülle von Quarzröllingen zuführen, als es mit den aus den Stormbergen herabkommenden nach Collins Beobachtungen der Fall ist, so ist wenig zu zweifeln, dafs auch dort Mandelsteine die Hauptmasse bilden. Durch die bestimmten Beobachtungen des Capt. Gardiner hat man endlich erst in den letzten Jahren erfahren [1]), dafs der Quathlamba an seinen Abhängen gegen Natalien ebenfalls aus äufserst kieselreichen Mandelsteinen besteht. Bei seinem Besuche der inneren, von den sogenannten Zouloukaffern bewohnten Theile der jetzigen Englischen Provinz Natalien traf nämlich der genannte Reisende unweit dem Missionsplatze Morija und zwar auf den höchsten erreichten Punkten des Quathlamba in so grofser Fülle zerstreute Achatröllinge, dafs er dadurch veranlafst wurde, sogar einem Thale, worin dieselben besonders häufig umherlagen, den Namen des Achatthals beizulegen. Die Röllinge waren hier meist von unregelmäfsiger Gestalt, doch nur von der Gröfse einer Muscatennufs. Gardiner fügt hinzu, dafs sie sehr durchsichtig seien. — Aber sogar noch viel weiter nördlich scheinen die Mandelsteinfelsen nicht zu fehlen und unter denselben geographischen Verhältnissen, wie im Süden vorzukommen, indem Capt. Owen am Ausflusse des English Rivier sowohl [2]), als auch am unteren Laufe des Tembyflusses [3])

---

[1]) Capt. Allen Gardiner Narrative of a journey to the Zoolu Country in South Africa. London 1835, 332. Die Ansicht des sogenannten Riesencastells, einer ruinenartig zerrissenen Felsmasse auf dem Gipfel eines Berges am Ost Abfalle des Quathlamba nach Gardiners Zeichnung (S. 338 und 348) erweist auf das Bestimmteste, dafs die vorhin nach Sykes (414) angeführten, Kunstwerken ähnlichen Ruinen von Felsmassen auf den Gipfeln der Berge Dekans auch hier nicht fehlen.

[2]) I, 269.

[3]) II, 269.

viele schöne Achate fand, so dafs es dadurch klar wird, dafs die die Küstenstufe der de Lagoabay (26° S. B.) im Osten begränzenden Berge, gleich den Stormbergen, aus Mandelstein bestehen müssen. Aber bereits am Ende des 16ten Jahrhunderts berichtete ein verdienter Italiänischer geographischer Schriftsteller G. Botero in seinem für die damalige Zeit ausgezeichneten Werke nach den eben durch Portugisische Kriegszüge in des Innere gewonnenen Erfahrungen, dafs das westlich vom Cap Delgado (10° S. B.) und SW. von Zanzibar im Binnenlande wohnende grofse Volk der Monoemugi (die jetzigen Monoemoëzi) sich kleiner, rother, glasähnlicher Kugeln als Circulationsmittel statt des Geldes bediene [1]), womit, wie schon Des. Cooley vermuthete [2]), wohl nur rothe Carneolmandeln gemeint sein mögen. Da aber in der That, wie schon angeführt war, rothe Jaspise oder Carneole zu den gewöhnlichsten Kieseleinschlüssen in den Mandelsteinen von Süd Tyrol, Bassano und auch in denen Indiens gehören, so hat jene Vermuthung gar nichts Unglaubhaftes. Nach Cooley, der die folgende Mittheilung aus einer mir unbekannten Quelle schöpfte, sollen die erwähnten Röllinge von der Höhe eines hohen Bergrückens, Namens Kirimanjara, herstammen. Ist diefs gegründet, so hätte die Ansicht, dafs Mandelsteine und Basalte noch unter dem 10° S. B. an dem Rande des Binnenplateaus nicht fehlen, und dafs der Kirimanjara einer Fortsetzung des Quathlamba angehört, dadurch neuerlichst noch eine Stütze gewonnen, dafs nach Erkundigungen des Englischen Capt. Hardy selbst am SO. Rande des grofsen, den Namen N'yassi bei den Eingebornen führenden Binnensees isolirt stehende pyramidale und schwarze, also wohl basaltische oder ähnliche plutonische Felsen anstehen [3]).

---

[1]) Le relationi universali. In Venetia 1596. Africa 170.

[2]) Journal of the Geographical Society of London. XV, 213, 204.

[3]) Ebendort 205 und Allg. Geogr. Ephemeriden. 1817. II, 375.

Das Auffinden solcher Mandelsteinmassen im Quathlamba hat aber zu den ersten interessanten Aufschlüssen über die noch bis vor wenigen Jahren völlig unbekannt gewesene Heimath der unzähligen, meist buntgefärbten Röllinge geführt, die sich von der Mündung des Garip bis zu dem oberen Quellstromlande dieses Flusses beinahe durch die ganze Breite Süd Africas verfolgen lassen. Die frühesten Beobachtungen über das Vorhandensein von dergleichen Gebilden verdanken wir meines Wissens zwei Reisenden des vorigen Jahrhunderts, dem Engländer Paterson [1]) und dem bekannten Französischen Naturforscher Levaillant [2]), welche beide dieselben fast an den nämlichen Stellen am unteren Garip antrafen. Bei Erstem war diefs im Jahre 1779, bei Levaillant zwei Jahre später im Jahre 1781 der Fall. Letzterer erwähnte besonders unzählige von ihm dort angetroffene Achate und Onyxe. Dafs aber alle solche harte Gerölle weniger aus den Felsen in der nächsten dortigen Umgegend, als aus den Gegenden am oberen Lauf des Garip herstammen möchten, ergab schon die Beobachtung, dafs dieselben dort durchweg gerundet vorkommen, weil eine solche Form unzweifelhaft nur durch einen weiten Transport veranlafst sein konnte. Selbst die Beobachtungen im Beginne dieses Jahrhunderts von Lichtenstein [3]), Truter und Sommerville [4]), später von Burchell [5]) und Campbell [6]) über gleiche Anhäufungen von Kieselgeröllen im Mittellaufe des Stroms erweisen,

---

[1]) Narrative of four Journeys in to the Country of the Hottentots and Caffraria. London 1789. Deutsch von Forster. Berlin 1790. 61.

[2]) Voyage dans l'interieur de l'Afrique. Paris 1795. 3 Vol. II, 232.

[3]) S. 363.

[4]) Barrow A voyage to Cochin China. London 1806, 376.

[5]) II, 213.

[6]) Travels in South Africa. First Journey. London 1815. Sec. Ed. 151.

dafs die Heimath der letzteren noch höher zu suchen war, und in der That ergab zuletzt das Auffinden der Röllinge an den Quellströmen des Garip, dafs nur der Höhenrücken am Ostrande des Süd Africanischen Plateaus der ursprüngliche Fundort derselben sein kann, von wo aus die herabströmenden Bäche sich damit auf das Reichlichste versorgen [1]), so dafs die Gerölle erst auf diesem Wege in den Garip gelangen und endlich von ihm bis fast zu seiner Mündung herabgeführt werden [2]). Wirklich traf bereits Barrow auf runde, ausgewaschene Mandeln am Nu Garip, so wie ferner Backhouse [3]) und die Französischen Missionare Arbousset und Daumas [4]) mannigfache Achate an dem schon genannten Zustrome des Nu Garip, dem Caledon, und in allen ihm zufliefsenden Bächen beobachteten. Selbst entfernter von den Flüssen scheinen Kieselmandeln in der Hochebene der Betschuanen und Koras nach Burchells Angaben nicht zu fehlen. — Ihre Beschaffenheit ist aber nicht minder verschieden, als ihre Farbe und Gröfse. Letztere variirt von einer Linie bis zu einem Fufs Durchmesser;

---

[1]) Collins (in Papers 57) überzeugte sich, wie erwähnt, zuerst, dafs die von den Stormbergen herabkommenden und dem Nu Garip zufliefsenden Flüsse und Bäche, wie z. B. der Stormberg- und Greys Rivier ihm auch Kieselgerölle und andere Mineralien zuführen. Später finde ich noch in dem kurzen Bericht über die Ergebnisse der naturhistorischen Reise des Dr. Smith (Journal of the Geogr. Soc. London VI, 372) bemerkt, dafs die schönen Carneole und Calcedone des oberen Garip von einem Achathügel herstammen sollen.

[2]) In der Hochebene des oberen Gariplandes scheinen nämlich anstehende Mandelsteinfelsen nur äufserst selten vorzukommen. Die einzige Localität, die in dieser Hinsicht erwähnt wird, findet sich am Zusammenflusse des schwarzen (Nu Garip) und gelben (Vaal River oder Key Garip) Flusses, wo Backhouse (444) dergleichen antraf (basalt mixed with silicious pebbles).

[3]) S. 395.

[4]) Relation d'un voyage d'exploration. 146 und 147.

während die Färbung theils einfach, z. B. schwarz, hell oder chocoladenbraun, am häufigsten aber gelb, roth, und in der Nähe der Bäche, die dem Caledon zufliefsen, sogar glänzend schwarz ist, theilweise aber auch die Kiesel mannigfach bunt, figurirt gefleckt und gestreift erscheinen [1]. Zuweilen finden sich dieselben von so ausgezeichneter Schönheit, dafs Burchell meinte, sie könnten gut als Schmucksachen dienen [2], ja Campbell vermuthete, dafs sie selbst bei Europäischen Steinschneidern Anerkennung finden würden [3]. Eben so mannigfach ist die Form derselben, die sowohl kuglig, als oval und stalactitisch vorkommt. Am Caledon trafen endlich Arbousset und Daumas mit gewöhnlichen Röllingen sehr regelmäfsige Quarzkrystalle [4], die jedoch selbst an anderen Punkten nicht fehlen, indem die Berliner Missionaire, wie ich mich durch die von denselben am Vaal Rivier oder Key Garip, dem mittleren der grofsen Quellströme des Garip, eingesandten Naturgegenstände zu überzeugen Gelegenheit hatte auch unter den gewöhnlichen mannigfach gefärbten Achaten, Onyxen, Calcedonen vollkommene Quarzkrystalle mit den schärfsten Ecken und Kanten und zugleich von der ausgezeichnetsten Reinheit und Durchsichtigkeit auffanden. So häufig aber sind die Kieselmandeln an manchen Stellen des Garipländes, dafs selbst die ganze obere Schicht der Uferränder des Flusses, wie es ebenfalls in Nubien stellenweise mit dem Nil der Fall ist, daraus bestehen [5], und dafs Quarzkrystalle und Achatgerölle sich sogar noch in weiterer Entfernung von den Flüssen finden, wie diefs aufser Burchell im

[1] Ebendort 146.

[2] II, 213.

[3] First Journey. 151.

[4] A. a. O. 147.

[5] Barrow I, 299.

Norden des Garip [1]), die Französischen Missionare [2]) südlicher davon im Gebiete der Bassoutoubetschuanen zu beobachten Gelegenheit hatten [3]).

Am Quathlamba scheint die Verbreitung der Basalte gegen Südosten und Osten zu noch nicht zu enden, indem die neueren Untersuchungen erwiesen, dafs sowohl in der nächsten Terrasse unterhalb dem Quathlamba, als auch in der eigentlichen Küstenstufe derartige Gesteine ganz und gar nicht fehlen. Von Interesse ist in dieser Hinsicht zuvörderst zu erfahren, dafs ein hoher südsüdöstlicher Ausläufer des Winterberges, die romantischen, waldigen Katzenberge (Kat Mountains) am linken Ufer des Chumieflusses von Basalt gebildet werden [4]) und dafs auch zwischen der Missionsstation Philipton am Fufse des Bergzuges, welcher den Winterberg mit den Katzenbergen verbindet, eine Kette von Hügeln aus demselben Gestein besteht [5]). Da aber auch die gewaltige, bei den Amakosakaffern unter dem Namen der Amatola bekannte und von

---

[1]) II, 240.

[2]) Journal des Missions evang. IX, 51.

[3]) Arbousset sagt hierbei, dafs dieselben hier so häufig als gewöhnliche Quarzkiesel an anderen Punkten der Erde vorkommen. Auffallend ist aber bei dieser unermefslichen Verbreitung der gefärbten Kiesel längs dem ganzen Garip, dafs bei keinem einzigen neueren Mineralogen sich eine Erwähnung derselben findet. Selbst in dem neuesten Werke über Mineralvorkommnisse, der topographischen Mineralogie von G. Leonhard (Heidelberg 1843), wird derselben mit keinem Worte gedacht. Ebenso wenig hat auch die staunenswerthe Verbreitung der Mandelsteine und der hiesigen Basalte bei den Geognosten selbst bisher eine Berücksichtigung gefunden.

[4]) Backhouse 189 und 210. Die Missionsstation Chumie liegt nämlich unmittelbar am südlichen Fufse der Katzenberge.

[5]) Backhouse 210. Beim Fort Armstrong am südlichen Fufse des Winterbergs gibt es nach Backhouse gleichfalls Basaltfelsen (184).

denselben in ihren Kriegen gegen die Engländer stets als eine der stärksten Vertheidigungspunkte behauptete Felsenmasse [1]) nur durch die tiefe Schlucht des Chumieflusses von den Kat Mountains getrennt wird und unzweifelhaft einst mit denselben im unmittelbaren Zusammenhange stand, so wäre schon daraus abzunehmen, dafs auch die Amatola basaltisch sind, würde diefs nicht ausdrücklich noch durch Backhouse bestätigt [2]), und wiese nicht zugleich die üppige Waldbedeckung der Amatola [3]), wodurch dieselben sich eben so, wie die Winterberg und die Katzenberge [4]) auszeichnen, darauf hin, dafs auch sie mit den letzteren geognostisch übereinstimmend construirt sind. Erfahren wir aber auch aus den Beobachtungen eines mehrjährigen Bewohners dieser Gegenden, des Missionars Brownlee [5]), dafs die hohen den Nordrand der Küstenstufe bildenden Berge meist aus Trapp, die niederen aus Sandstein und Thon bestehen, ferner aus derselben Quelle, dafs zwar der Südabfall der hohen Berge steil ist, der Gipfel dagegen sich gegen Norden zu in die ausgedehnten ungefähr 3—4000 Fufs hohen [6]), vom Stamme der Tamboukie oder Amatembakaffern bewohnten Grasebenen allmählig verliert, ohne dafs ein Abfall nach letzterer Weltgegend stattfindet [7]), so ist klar, dafs die hohen Berge selbst eigentlich nichts, als steile Seitenwände einer Mittelterrasse zwischen dem Binnenhochlande und der tiefen

---

[1]) Alexander Narrative II, 260 und 261.

[2]) Backhouse 229.

[3]) Alexander II, 259.

[4]) Backhouse 189. Von diesen Katzenbergen wird das nöthige Bauholz 200 Englische Meilen weit bis nach den waldlosen Ebenen am Nu Garip (ebendort 199) und nach den Schneebergen geholt.

[5]) In Thompson travels and adventures II, 369.

[6]) Backhouse (204) schätzte die Erhebung bereits zu 3000 Fufs.

[7]) Thompson II, 369.

von den Amakosakaffern bewohnten Küstenstufe sind, und dafs sie nur demjenigen Beobachter als Berge erscheinen können, der sie von einem im Süden gewählten Standpunkte betrachtet. Aber nicht allein die südlichsten Ränder der Terrasse, von denen allerdings einige Erhebungen, wie der Winterberg selbst und noch östlicher davon der Catharinenberg nebst den schon genannten Katzenbergen [1]) aus dem allgemeinen ebenen Niveau der Terrasse [2]) bergartig zu einer bedeutenderen Höhe aufsteigen mögen [3]), sind durch Trapp gebildet, sondern es besteht sogar viel weiter im Osten, als vorhin (S. 263) nach Bain angegeben war, nämlich im Amatemba Kafferlande, die Oberfläche der grasreichen [4]) Mittelstufe wesentlich ebenfalls aus einer Trappdecke [5]), über welcher sich einzelne ungeheure losgerissene Massen erheben. Da die Zerstörbarkeit des Trapps aber geringer, als die des Sandsteins ist, so hat diefs zur Folge, dafs die Aufsenränder des Trapps

[1]) Die Katzenberge erheben sich nach Meyers Berechnung der barometrischen Messungen von Drège (E. Meyer Commentariorum de plantis Australioris Africae. Vol. I, XXX. Lips. 1835) bis zu einer Höhe von 4815 Fufs, während die Erhebung der Mittelterrasse selbst 3 — 4000 Fufs nach ähnlichen barometrischen Beobachtungen Drèges beträgt (ebendort XI, 78 und 213).

[2]) Thompson I, 350; Kay Travels and researches in Caffraria. London 1827, 95. Steedman Wanderings and adventures in the interior of Southern Africa. 2 Vol. London 1835. I, 209.

[3]) Nach Westen zu führt der hohe Saum der Mittelterrasse bei den Colonisten den Namen des Boschberges (Kay 433). Aus welchem Gestein dieser besteht, ist unbekannt, doch spricht sein kühner, majestätischer Abfall, die staunenswerthen Einschnitte in seine Oberfläche, seine schmalen, Strebepfeilern ähnliche Ausläufer und seine üppige Waldbedeckung ebenfalls dafür, dafs er wesentlich durch Trapp gebildet sein dürfte.

[4]) Kay 95.

[5]) Kay 98.

hier an der oberen Kante der steil abstürzenden Südwand der Terrasse gleichsam vorspringende Leisten (cornice) bilden [1]), und gleichzeitig bewirkt dessen Verbreitung, dafs auch die Oberfläche des Amatembalandes stellenweise eine aufserordentliche Productionskraft [2]) und zugleich einen grofsen Reichthum an Quellen und fliefsenden Wassern besitzt [3]), welche letztere in den Schluchten und Einschnitten ihren Weg bis nach der Küstenstufe finden, und diese gleichfalls sehr wasserreich machen [4]). Da endlich aber, wie Kay erfuhr, die hohen Berge am Nordrande der Küstenstufe sogar noch bis zur de Lagoabay fortsetzen [5]), so ist auch die Erstreckung der Mittelstufe bis eben so weit anzunehmen, und es wäre also nicht unmöglich, dafs die von Owen in der Nähe der Bay an der Mündung des Temby und English River wahrgenommenen Kieselröllinge wirklich aus den Mandelsteinen der Fortsetzung der Terrasse herrührten [6]), sofern sie nicht etwa von der hohen

---

[1]) Ebendort 95.

[2]) Ebendort 97 und 98. Auch Kay schreibt für die Mittelterrasse, wie Brownlee es für die Küstenstufe gethan, der Zersetzung des Trapps die Fruchtbarkeit des Amatembalandes zu.

[3]) Kay 95. Drège XI.

[4]) Brownlee a. a. O. II. 369. Kay 151. Durch einen ungemeinen Wasserreichthum unterscheidet sich der südöstlichste Theil des Continents überhaupt sehr wesentlich vom alten Caplande, und es hat die daraus sich ergebende kräftige Entwickelung der Vegetation ihrerseits wiederum zu der höheren Culturstufe beigetragen, wodurch sich die Urvölkerung jener östlichen Landstriche vor der des südwestlichsten Africa auszeichnet (Kay 433).

[5]) S. 94.

[6]) Nach den Beobachtungen zweier früh umgekommenen Schottischen Reisenden Cowie und Green schliefst nämlich ein Gebirge Namens Bombo die Marschgegend an der de Lagoabay ein. (Steedman of Southern Africa. 2 Vol. London 1835. I, 285 und Kay 408). Es wäre diefs Gebirge also zunächst

Randung des obersten Binnenplateaus selbst oder dem Quathlamba herabgeführt wurden.

In der untersten oder Küstenstufe fehlen Basalte eben so wenig. So gibt es Berge davon an den Missionsstationen Knaps Hope [1]) und Chumie [2]) und zu King Williams Town [3]), die sämmtlich zunächst der Oberfläche Sandsteine zu durchbrechen scheinen, da wirklich Basaltberge in der Nachbarschaft der Missionsstation Butterworth sich aus einem Sandsteinschiefer erheben [4]). Nicht minder sieht man etwas mehr östlich im und am Keiskamma Basaltfelsen emportreten [5]), ferner zwischen dem Ikuku und Keiskamma die ganze Gegend mit grofsen Blöcken von Kugeltrapp bedeckt [6]) und endlich an einer anderen Missionsstation Buntingville (31° 18′ S. B. etwa) nach einer Skizze Gardiners sowohl zwei hohe Tafelberge, als auch in einem dortigen Berge eine starke Felsbank mit ausgezeichneter prismatischer Structur ihres Gesteins auftreten [7]). Endlich berichtete Kay, dafs noch am Umtataflusse unfern des in neuerer Zeit erst gegründeten Missionsplatzes Morley (31° 50′ S. B.), des fernsten dieser Art im Cafferlande, Gemenge von Trapp und Sandstein auftreten, die der Configuration der Gegend ihren eigenthümlichen Character verleihen [8]). — An dem un-

---

als Fortsetzung des Randes der Mittelterrasse anzusehen und von ihm dürfte demnach auch ein Theil der Kieselmandeln dem Temby und dem English Rivier geliefert worden sein. Die ausdrücklich von Kay erwähnte Waldbedeckung des Bombagebirges scheint in der That dafür zu sprechen, dafs dasselbe wesentlich aus Trapp oder Mandelstein besteht.

[1]) Backhouse 223.

[2]) Ebendort 210.

[3]) Ebendort 237.

[4]) Backhouse 255.

[5]) Backhouse 222—223.

[6]) Brownlee II, 372.

[7]) S. 373.

[8]) S. 342. Da aber Kay gleichzeitig versichert, dafs der Sand-

mittelbaren Küstenrande lernte man jedoch bisher äufserst wenige Punkte kennen, die basaltisch zu sein scheinen, da der Mangel aller Häfen Beobachtungen von der Seeseite hier ungemein hindert [1]. Nur eine von Owen bildlich dargestellte, in mehreren schwarzen Pfeilern bis 80 Fufs Höhe senkrecht aus dem Meere an der Amakosakafferküste aufsteigende zerrissene Felsgruppe [2], so wie ein zuckerhutförmiger, auf Englischen Charten dieser Gegend eingetragener Berg in der Nähe des Cap Lucia (28° 30′ S. B.) sprechen wohl bestimmt dafür, dafs Basalte selbst dort nicht fehlen. Nördlich des Cap Lucia gegen Mozambique zu erheben sich endlich noch hart am Meeresrande,

---

stein am Umtataflusse überwiegt, so dürfte derselbe früher auch hier die allgemeine Oberfläche gebildet haben und später erst vom Trapp durchbrochen sein. Aus der durch Steedman (I, 250) bestätigten Angabe desselben Autors, dafs furchtbare Abgründe und jähe Klippen (327) nebst einem Zuge kegelförmiger Berge (380) hier erscheinen, endlich dafs eine ungemein schöne Waldvegetation die Oberfläche bedeckt (347), folgt jedoch deutlich, dafs die feurigen Producte hier unmöglich der Verbreitung des Sandsteins bedeutend nachstehen können. Dasselbe geognostische Verhältnifs findet unzweifelhaft selbst noch näher der de Lagoabay statt, indem Cowie und Green in dem durch die Amaponda bewohnten Theile des Küstenstrichs gleichfalls prachtvolle Wälder mit den mächtigsten Bäumen, üppige Wiesen und einen aufserordentlichen Reichthum an fliefsenden Gewässern antrafen (Steedman I, 281 und auch II, 204), Erscheinungen, die sämmtlich, wie angegeben war, auch im westlichsten Gebiete der Kaffern, dem der Amakosakaffern, so gemein sind.

[1]) Steedman I, 251.

[2]) I, 281. Diese an der Mündung des Umpakuflusses unter 32° 8′ S. B. gelegenen Felsen bilden einen natürlichen Schwibbogen (archway). Key nennt dieselben mit dem Englischen, zuweilen für Basalt üblichen vulgairen Namen Iron Mountains (343). Auch der Wesleyaner Missionar W. Shaw, der die Stelle besuchte, nannte das Gestein Eisenerz (Iron ore bei Steedman II, 257). Ein ähnlicher natürlicher Schwibbogen im basaltischen

der dort sehr niedrig und sumpfig ist, nach den Berichten des Lieut. Wolf [1]) schwarze Felsen, die schwerlich für etwas anderes, als für basaltische zu nehmen sind.

Verfolgt man zuletzt die Producte feuriger Thätigkeit im Innern Süd Africas auf dem obersten Binnenplateau vom Nu Garip an oder auch auf der Mittelterrasse vom Grofsen Fischflusse an nach Westen zu, so ergibt sich deutlich eine allmählige Abnahme in der Häufigkeit ihres Auftretens, obgleich es allerdings schwierig ist, in der Hinsicht ein bestimmtes Urtheil zu fällen, da uns hier nicht so zahlreiche und zuverlässige Beobachtungen, wie die von Backhouse für den Osten, zu Gebote stehen. Betrachtet man aber auch nur Burchells bildliche Darstellung zweier unter dem Namen des grofsen [2]) und kleinen [3]) Tafelbergs bekannte mächtige Felsen, die isolirt und jäh auf jener innersten Hochfläche im sogenannten Buschmanenlande sich erheben, so ergibt sich bereits, dafs die oberste Lage derselben auf ihrem flachen Gipfel durch ein eigenthümliches, von dem übrigen Körper scharf getrenntes Gestein gebildet wird, das nach den Beobachtungen im Garipquellstromlande und im Süd Osten der Capcolonie nichts als Trapp sein kann. In der That findet diese Annahme eine wesentliche Stütze darin, dafs der grofse Tafelberg schon in der Nähe des durch Basaltfelsen erwähntermafsen an beiden Rändern ausgezeichneten Nu Garip liegt, ferner dadurch, dafs Burchells Charte weiter nördlich, doch immer noch in der Nähe desselben Berges einen Kegelberg angibt, und dafs endlich der Missionsprediger Campbell in der nämlichen Gegend des Buschmanenlandes sogar einen Haufen von nicht weniger als 13 zuckerhutförmigen Bergen

---

Gebiet der Schottischen Insel Mull findet sich in den Geol. Trans. V, tab. XX und XXI abgebildet.

[1]) Journ. of the Geogr. Soc. of London 1833. III, 202.

[2]) II, 104.

[3]) II, 168.

einer Stelle vereinigt antraf [1]). Berücksichtigen wir endlich, dafs in dem noch südlicher gelegenen, unter dem Namen der Schneeberge bekannten Theile des südöstlichsten Randes des hohen Binnenplateaus gegen Cradock zu zahlreiche, theilweise auch aus Basalt bestehende Tafelberge auftreten [2]), so ergibt sich, dafs diefs Gestein selbst in den westlicheren Theilen des höchsten Binnenplateaus in der Vorzeit eine weite, zusammenhängende Decke bildete, und wir dürfen also auch mit Grund vermuthen, dafs dadurch der den Namen des Taaiboshberges führende Berg in der unmittelbar westlichen Fortsetzung der Stormberge [3]) gleich dem schon erwähnten, als höchster Berg des Caplandes geltenden Compafsberge [4]) in der merkwürdigen pfeilerförmigen Spitze seines Gipfels nur die übriggebliebenen schmalen Reste einer einstigen gröfseren Basaltkappe trägt, welche letztere gleichfalls schon zu den Ueberbleibseln der gröfseren Basaltdecke dieser Gegenden gehörte [5]). In wie weit endlich hierher die Ruinen

---

[1]) First Journey. 142. Aufserdem erwähnte derselbe Reisende einen conischen, isolirt aus der weiten Ebene des Buschmanenlandes unter dem Namen des Wunderbergs aufsteigenden Berg, der muthmafslich auch basaltisch ist (Sec. Journ. II, 323).

[2]) Backhouse 485. Auch noch an anderen Punkten unmittelbar vor den Schneebergen traf derselbe Reisende Basaltfelsen an. S. 482.

[3]) Thompson I, 70. Eine Abbildung des Berges findet sich ebendort I, 69.

[4]) Backhouse 485, wo die Höhe des Compafsberges zu etwa 10000 Fufs geschätzt wird. Nach Bains Angabe, die aber muthmafslich auch nicht auf bestimmten Messungen beruht, erreicht dieser Berg, der zugleich den Namen des Spitzkopfs trägt (Thompson I, 88), nur 7000 Fufs (a. a. O. 57), was zu niedrig sein möchte. Schon Burchell nannte den Compafsberg den höchsten im Caplande und bildete ihn ab (II, 185).

[5]) Dergleichen wunderbar gestaltete Felsen fehlen übrigens selbst der Mittelstufe nicht, indem z. B. Backhouse unter den

alten Schlösser ähnlichen Felsen gehören, welche Campbell im Buschmanenlande auf dem Gipfel einer niedrigen Bergreihe kennen lernte [1]), müssen spätere Untersuchungen ergeben. Doch kann nicht unbemerkt bleiben, dafs es hier noch verschiedene Tafelberge [2]) und kegelförmige Berge [3]) gibt, die trotz der angeblichen Schichtung ihrer Masse muthmafslich ebenfalls aus Basalt bestehen, indem auch sie in der Nähe des Nu Garip sich erheben. Bestimmter wird das Vorkommen unserer Massen noch weiter im Westen durch Burchell angegeben, der in den Hyänenbergen an einem südlichen Zustrom des Garip, dem Newe Brakke Rivier, viele aus angeblich primitivem Grünsteiu gebildete Felsen antraf [4]) und hinzufügt, dafs die abermals weiter im Westen am Dwaals Rivier liegenden Felsen gleichfalls aus Grünstein bestehen [5]), welcher zwar von dem gewöhnlichen in mancher Hinsicht verschieden sei, mit dem vom Nu Garip jedoch darin übereinstimme, dafs Stücke von ihm, wie von letzterem, einen hellen Klang geben, was an die Natur der Phonolithe erinnert.

Abermals weiter im Westen wurden auf der Hochfläche südlich vom Garip Basalte oder ähnliche Gesteine mit Bestimmtheit bisher nirgends aufgeführt, doch fehlen sie schwerlich ganz. So erwähnte Campbell 2 völlig pflanzenlose Felsen von dunkler Farbe, die genau das Ansehen ungeheurer Eisenmassen haben und deshalb wohl unzweifelhaft Basalte sind. Einer derselben mit einer oben tafel-

---

S. 267 erwähnten mächtigen und grotesken Basaltfelsen zwischen Cradock und Colesberg auch solche fand, die auf ihrer pyramidal gestalteten Hauptmasse andere senkrechte Felsen trugen. Viele solcher Felsen waren oben flach.

[1]) Sec. Journey II, 307.

[2]) Ebendort I, 33; Burchell II, 85.

[3]) Campbell I, 33; II, 306.

[4]) II, 43.

[5]) II, 43.

förmigen Ebene und von einer eine Viertel- bis eine halbe Meile betragenden Länge mufs prismatisch zerklüftet sein, da der Reisende die obere mit der übrigen Bodenfläche übrigens in gleichem Niveau stehende Ebene ausdrücklich mit einem Steinpflaster verglich [1]). Beide Felsen liegen bereits ziemlich nahe dem Garip. — Viel bedeutender scheint jedoch eine andere Anhäufung Eisenähnlicher Felsen zu sein, die nach demselben Reisenden gleichfalls am Garip nur etwas höher, als jene, eine Strecke von mehreren Meilen bedeckt und von den Armen des Stroms in ungemein tiefen, schluchtartigen Canälen mit senkrechten Wänden durchbrochen wird. Zahlreiche hohe und niedrige Berge bestehen hier aus ungeheuren übereinander gehäuften Steinmassen, während viele tausend andere bis in weite Distanzen von hier in jeder Richtung zerstreut umher liegen und gleichsam durch eine gewaltige Eruption hergeführt erscheinen. Eine solche Anhäufung von Steinmassen behauptete Campbell noch nie gesehen zu haben, und er nannte deshalb diese Stelle, wo gleichzeitig vom Flusse ein gewaltiger Wasserfall gebildet wird, eine Metropolis von Steinmassen [2]). Letztere erheben sich hier theilweise bis 500 Fufs Höhe.

---

[1]) First Journey. 289.

[2]) Ebendort 286. Thompson, der dieselbe Stelle, nach Campbell besuchte und sie übereinstimmend schildert (II, 22), nannte den gewaltigen, vom Garip hier gebildeten Wasserfall des König Georg IV. Cataract. Dieser scheint überhaupt einer der gröfsten seiner Art im Continent zu sein, indem Thompson den vorher in einem Canal von kaum 100 Fufs Breite zusammengedrängte Strom sich hier auf einmal in einer prächtigen Cascade von vollen 400 Fufs Höhe herabstürzen sah (a. a. O. 21). Nur ist zu bedauern, dafs der letzte Reisende gar nicht die materielle Beschaffenheit der hiesigen Gesteine bestimmte. So bleibt nach den S. 257 angeführten Angaben von Backhouse es immer zweifelhaft, ob die oben für Basalt angesprochenen Eisenmassen Campbells selbst noch bis zu dem grofsen

Selbst nördlich vom Garip fehlen im Binnenlande des Continents Basalte oder Grünsteine nicht, und namentlich wurden dieselben unfern vom Strome im Griqualande in solcher Menge gefunden, dafs sie den Reisenden den Weg sehr erschwerten. Ein harter Grünstein bildet hier in einem Hügelzuge zwischen den beiden Orten Griquatown und Hard Castle [1]) grofse Massen, von denen einige sehr schön grün sind. Gleicherweise berichtet Philip, dafs in dem ausgedehnten Kalkgebiete nördlich davon Grünsteine in ähnlichen grofsen Massen eingelagert sind [2]), und es besteht namentlich der niedrige und flache Hügel bei dem Missionsplatze Kuruman aus dieser Gebirgsart und aus Mandelsteinen mit Adern von anscheinend krystallisirtem Quarz. Aufserdem gibt es in derselben Gegend bei dem Ort Alt Lithako nach den neueren Berichten eines Englischen Missionars Moffat [3]), ferner an verschiedenen Stel-

---

Wasserfall und dem hohen unter dem Namen des Garipianischen Walls (Thompson II, 11) an der Nordseite des Stroms auftretenden Felsgebirge reichen und auch dieses bilden oder ob sie sämmtlich, wie Backhouse Angaben vermuthen lassen, nur aus Granit bestehen. Wären die von Campbell und Backhouse an beiden Ufern des unteren Garip wahrgenommenen schwarzen, rothen oder braunen Felsmassen wirklich feurigen Ursprungs, was nicht erwiesen ist, so wäre allerdings gar nicht unwahrscheinlich, dafs selbst die Felsen des Cataracts plutonische oder vulcanische sind. Für Letzteres spricht sogar noch Campbells zweite Angabe, dafs die Steinmassen am Cataract das Ansehen eines eisernen Berges haben, ferner die mit Backhouses und Campbells Mittheilungen (oben S. 257) übereinstimmende Versicherung Capt. Alexanders (an exp. I, 142), dafs auch entfernter auf der Südseite des Stroms in dem denselben begränzenden Klein Namalande rothe und schwarze Felsen auftreten.

[1]) Burchell I, 347 und 348.

[2]) II, 113.

[3]) Missionary labours and scenes in South Africa. London 1846. 115.

len südlich davon z. B. bei der Unglücksquelle (Ongeluksfontein) [1]) nach Backhouse Basaltfelsen und endlich nach Arbousset und Daumas an dem nördlichsten grofsen Quellstrom des Garip, dem Hartrivier [2]), ähnliche schwarze Gesteinmassen. Nordöstlich von Kuruman wurden nochmals Grünsteine an dem Molopoflusse im Ueberflusse zugleich mit Graniten gefunden [3]), ein Zusammenvorkommen, das vermuthen läfst, dafs erstere Gesteine hier weniger Basalt, als Diorite sind. Am interessantesten aber ist in dieser Hinsicht eine neuere Beobachtung des Englischen Missionars Livingston [4]), der im Lande der Bukwar-betschuanen bei einer nach Norden zu unternommenen Expedition, wobei er weiter als ein anderer Europäischer Reisender von Süden her im Binnenlande vordrang, etwa unter dem 21° N. B. hohe, felsige und durch Spalten zerrissene Berge, von denen einige ganz das Ansehen erloschener Kratere hatten, angetroffen hatte. So auffallend nun diese Nachricht bei dem Mangel fast aller ähnlichen Phänomene im Cap- und Kafferlande ist, so ist sie doch keinesweges die einzige in neuerer Zeit geblieben, die auf die Existenz entschiedener Reste früherer vulcanischer Thätigkeit im Binnenlande hinweist, indem nach Berichten einheimischer Reisender, die von Zanzibar aus gegen Westen nach dem schon genannten (S. 278) und durch die schwarzen Felsen an seinen Rändern, ausgezeichneten grofsen Binnensee, den N'yassi, gezogen waren, das innere Land dort sogar vulcanische Kratere enthält [5]). Unberücksichtigt mag hierbei nicht bleiben, dafs sogar bei Douville eine Stelle für frühere vulcanische Thätigkeiten

---

1) S. 465.

2) A. a. O. 264.

3) Moffat 115.

4) In Methuen Life in wildernefs or wanderings in Southern Africa. London 1846. 113 und 185.

5) Bulletin de la soc. de Geogr. de France. 1845. III, 68

nahe der Oberfläche dieser Gegenden spricht, indem derselbe vom Gebiete der Mouloua, eines grofsen Volks im Innern Süd Africas angibt, dafs darin Bitumen gemein sei, und dafs sich die Mouloua desselben in einer Mengung mit Kalk als Mörtel bedienen [1]). Ist diese Mittheilung, der Wahrheit zum Grunde zu liegen scheint, da die Mouloua auch von anderen Seiten als ein Volk dargestellt werden, das sich auf einer verhältnifsmäfsig hohen Stufe der Cultur befindet, richtig, so dürfte das Bitumen, wie das in Egypten, an Kreidekalk gebunden sein, indem wirklich grofse Kalksteinablagerungen sich an vielen Punkten des Innern von Süd Africa gefunden haben, bis wohin es Europäern in neuerer Zeit gelungen war vorzudringen. Muthmafslich sind dann die dortigen alten Kratere trachytische.

Wenden wir uns nach den zwischen dem Aequator und dem südlichen Wendekreise liegenden östlichen Küstenstrichen, so hat es freilich hier bis in die neueste Zeit an einem bestimmten Nachweis des Vorkommens von vulcanischen Producten älterer oder neuerer Zeit gefehlt. Dennoch war die Mittheilung eines sehr alten Französischen Reisenden Franz Cauche [2]), dafs es auf dem benachbarten Madagascar Thermalquellen gebe, so wie die bekannte Existenz des gewaltigen noch thätigen Vulcans auf der Insel Bourbon ganz geeignet, der Ansicht, dafs auch in jenen Küstenstrichen einst vulcanische Processe wirksam waren, eine Stütze zu gewähren. Die neuesten Forschungen in den hiesigen Gegenden haben hierin in der That zu weiteren Aufschlüssen geführt und es sogar wahrscheinlich gemacht, dafs jene Processe in der Erdtiefe, die sich auf Bourbon und, wie man neuerlich erst

---

[1]) III, 62.

[2]) Schon vor 150 Jahren theilte nämlich dieser Autor mit, dafs Thermen in Madagascar vorkommen (Stevens New Collection of voyages and travels in several parts of the world. London 1711. II, S. 31) des Cauche schen Berichts.

genauer erfahren hat, sogar auf der noch näher am Continent gelegenen Insel N'gazija oder Grofs Comorro einen offenen Canal bis an die Oberfläche der Erde erhalten haben [1]), sich in mancherlei Erscheinungen selbst noch jetzt auf der Ostküste Süd Africas kund geben mögen. An Thermen und Erdbeben scheint es wirklich in diesen Küstenländern nicht zu fehlen, indem Capt. Owen nach seinen Erkundigungen in neuerer Zeit mittheilt [2]), dafs an der Nordseite der Bay von Mozambique einige heifse Quellen vorhanden sind, eine Angabe, die durch den neuesten Reisenden in jenen Gegenden, den Dr. Peters, nicht allein bestätigt, sondern sogar weiter dahin ausgedehnt wurde, dafs durch die eigenen Beobachtungen desselben die Existenz sogar mehrerer Localitäten mit Thermalquellen in den Zambeseländern angenommen werden kann [3]). Erdbeben feh-

[1]) Diese Insel, gehörend zu der sogenannten Comorrengruppe, wird häufiger auch nach ihrem bei den Arabern gebräuchlichen Namen Angaziguia angeführt, während N'gazija der bei der einheimischen Bevölkerung übliche ist. Nach dem Französischen Reisenden Leguevel de Lacombe (Voyage a Madagascar et aux iles Comorres. Paris 1840. II, 345) hat die Insel einen bedeutenden Berg, aus dessen Krater derselbe Flammen aufsteigen sah, was jedoch nur sehr selten geschehen soll. Später theilte Cooley mit (Journ. of the Geogr. Soc. of London. XV, 233), dafs der Vulcan alle 3—4 Jahre einen Ausbruch habe und durch seine in die See fliefsende Lava den plötzlichen Tod oft grofser Mengen von Fischen veranlasse, die dann auf der Oberfläche des Meeres gesammelt werden. — Die früheste mir bekannte Erwähnung aber des in Rede stehenden Vulcans mit den hinzugefügten Behauptung, dafs dieser alle sieben Jahre regelmäfsig einen Ausbruch habe, dürfte einem Capt. Lileur (Monthly Magazine 1824. Septbr. 121 nach von Hoff III, 471) zu verdanken sein.

[2]) Nautical Magazine 1840, 224.

[3]) Monatsberichte der Berliner Academie der Wissenschaften. 1848. 225, 226 und nach Dr. Peters gefälliger mündlicher Mittheilung.

len hier gleichfalls nicht, und die Portugisen von Mozambique haben sogar die Tradition, dafs Erdbeben bei ihnen dann stattfinden, wenn der 90 Stunden entfernte Vulcan der Insel Mayotte eine Eruption habe [1]). Owen selbst empfand bei seiner Anwesenheit zu Mozambique im Jahre 1823 zwei Tage hindurch Erdstöfse, und auch Herr Dr. Peters theilte mir gefälligst mit, dafs sich dergleichen während seines längeren dortigen Aufenthalts ereignet hätten. Bestätigte sich hierzu noch Owens von den portugisischen Bewohnern Mozambiques empfangene Nachricht, dafs es an der Bay dieses Orts einen noch fortdauernd thätigen Vulcan gibt [2]), so hätten wir hier in der That einen grofsen vulcanischen Zug, der wahrscheinlich auf Bourbon beginnt, muthmafslich in Spuren auf Madagascar zu erkennen ist, eine SO.-NW. Richtung verfolgt, und endlich über Mozambique und Grofs Comorro bis zu den Krateren und schwarzen Felsen am N'yassi zu verfolgen sein dürfte; wobei nicht zu übersehen ist, dafs eine Verlängerung der Axe dieses Zuges genau auf das Mendefigebirge und die hohen schneebedeckten Gipfel Adamowas trifft [3]). Leider ist Madagascar

---

[1]) Dieser Angabe Owens liegt muthmafslich eine Verwechselung mit dem Vulcan von N'gazija zum Grunde, indem nach den ziemlich zahlreichen neueren Berichten der Franzosen über Mayotte diese Insel keinen brennenden Vulcan besitzt und sogar ein erloschener auch ihr zu fehlen scheint. Doch besteht dieselbe allerdings gröfstentheils aus Schlacken, Puzzolanen und Basalttuffen (Annales maritimes et coloniales. Partie non offic. 1844. IV, 135), wogegen die ganz nahe kleine Insel Pamanzi wirklich schon einen sehr deutlichen, wenn auch nur ausgebrannten Krater darbietet (ebendort. Partie non offic. 1844, II, 139 und Macé Descartes histoire et géographie de Madagascar. Paris 1846, 392).

[2]) Nautical Magazine 1840. 224.

[3]) Von der Existenz eines noch thätigen Vulcans bei Mozambique erfuhr indessen Peters ungeachtet seines langen Aufenthalts in diesen Gegenden und selbst in der Stadt Mozambique nichts, wie er mir mittheilt.

viel zu unbekannt, um mit Bestimmtheit die dortige Existenz eines Vulcans annehmen zu dürfen. Poullet Scrope erwähnt freilich einen solchen [1]), aber gleich mit der Bemerkung, dafs weder über dessen Lage, noch Thätigkeit etwas Bestimmtes bekannt sei. Die neueren Französischen und Englischen Berichte über diese Insel enthalten darüber gleichfalls fast nichts, und nur durch die Theilnehmer an der Owenschen Expedition erfahren wir, dafs sich hohe vulcanische Berge, die Ramadaberge von denselben genannt, an der Narcendabay, und kegelförmige Berge bei Keyvoondza [2]) finden, so wie auch ein anderer Berichterstatter angibt, dafs bei dem Orte Tangoury ein conischer Berg auf seiner Spitze einen Krater trage, der aber seit Jahrhunderten bereits erloschen sei [3]), dafs jedoch dessen ganze Umgebung von vulcanischen Producten bedeckt werde.

Nördlich vom Aequator kommen auf der Westseite des Continents mit Ausnahme der Cameronberge keine thätige Vulcane, so viel man weifs, vor, und selbst erloschene lernte man mit Bestimmtheit bisher hier nicht kennen, wenn es gleich an deutlichen vulcanischen Massen nicht grade zu fehlen scheint. Das Dasein der letzteren war freilich aus der Nähe der vulcanischen Berge auf den Inseln des grünen Vorgebirges und auf den Canarischen Inseln mit ziemlicher Bestimmtheit bereits zu folgern. In der That versicherte ein neuerer Berichterstatter, der Französische Schiffslieutenant de Freminville [4]), dafs eine grofse Zahl von Vorgebirgen, unter denen er die Cap

---

[1]) In s. Considerations on volcanos. London 1827, 252. v. Hoff erwähnt auch die Existenz eines Vulcans auf der Insel, doch ebenfalls ohne weiteres Detail.

[2]) Lieut. Wolf im Journal of the Geogr. Soc. of London. 1833. III, 215.

[3]) Leguevel de Lacombe II, 120.

[4]) Annales des sciences naturelles. 1824. I, 94.

Barbas, Blanco [1]), Manuel, Verde, Rocho namentlich aufführt, aus Basalt und Laven bestehen, und er bestätigte dadurch zugleich eine interessante ältere, ihm selbst jedoch, wie es scheint, unbekannt gebliebene Notiz des Schweden Wadstroem [2]), dafs es vom Cap Verde im Süden bis Cap Gorée im Norden längs der in Rede stehende Küste aufser Basalten evidente Spuren von Vulcanen gebe [3]). Leider führte Wadstroem nicht eine einzige Localität für diese Vorkommnisse speciell an; doch erhielt sein und Freminvilles Bericht dadurch eine weitere Bestätigung, dafs ein neuerer Englischer zuverlässiger Beobachter, der Capt. Belcher, wirklich das häufigere Auftreten kleinkörniger Basalte am Kakundy Flusse nördlich

---

1) In Bezug auf dieses Cap, das seinen Namen unzweifelhaft von der weifsen Farbe des in der ganzen Gegend anstehenden kiesligen oder kalkigen Sandsteins oder auch nach dem weifsen blendenden Sande der hohen, hier überall der Küste vorliegenden Dünen erhalten hat, scheint sich jedoch ein Irrthum in die Angabe des Berichterstatters eingeschlichen zu haben, indem wahrscheinlich statt des Caps selbst ein etwas nördlicher gelegener schroffer und dunkler Fels, den in neuerer Zeit Lieut. Arlett anführt, gemeint ist (Journ. of the Geogr. Soc. of London VI, 307). Letzterer Beobachter erwähnt zugleich in Uebereinstimmung mit Capt. Belcher (II, 301), dafs das eigentliche Cap nur von weifsem Sandstein gebildet wird, und früher nannte es bereits Capt. Tuckey (Maritime Geography London 1815) eine hohe steile weifse Klippe.

2) Essay on colonisation. London 1795. I, 27.

3) Das Vorkommen des Basalts auf Gorée bestätigte später ein für die Wissenschaften viel zu früh verstorbener, eifriger und kenntnifsreicher Forscher, der Französische Schiffslieutenant Beaufort (Bulletin de la soc. de Geogr. de France. Pr. Ser. III, 169), so wie auch ein Englischer Reisender Byerley, welchem zufolge der Basalt so prismatisch dort zerklüftet sein soll, wie am bekannten Riesendamme in Irland (Transactions of the Geol. Soc. of London. New Ser. I, 2, 418).

Sierra Leone beobachtete [1]) und sich überzeugte, dafs nicht allein die der Mündung des eben genannten Flusses fast unmittelbar vorliegende Insel Alcatraz ein entschieden vulcanisches, aus Mandelstein bestehendes Gebilde sei [2]), sondern dafs sogar die ganze benachbarte Bulama Inselgruppe auf vulcanischem Wege entstand [3]). Dafs Basalte wirklich bei Sierra Leone überall aus dem Boden treten, erwähnte abermals in neuerer Zeit der Französische Schiffslieutenant Lafour Ladebat [4]), und endlich will tiefer im Innern der bekannte Rob. Caillé [5]) auf seinem

---

[1]) Journal of the Geogr. Soc. of London II, 282, wo gleichzeitig das mitgetheilt wird (282), dafs in der Nähe des Rio Nunez eine sehr eigenthümliche, gangförmig auftretende Felsmasse erscheint, die dadurch, dafs ihre Oberfläche verschlackt ist, das Ansehen eines durch feurige Einwirkung veränderten Basalts erhält. Anscheinend setzt diese Masse durch eine von säulenförmigen Basalt gebildete Ebene hindurch, aber bei genauer Betrachtung ergibt sich, dafs der scheinbare Basaltgang nur ein conglomeratartiges Gemenge von eisenschüssigem Sand mit groben Quarzkörnern oder mit jaspisartigen Kugeln ist, das jedoch angeblich innerlich und äufserlich Spuren von Schmelzung darbietet. Es soll die gangartige Masse mit etwa 50 Yard Länge bei 2 Yard Breite senkrecht im Sandstein aufsteigen, welcher letztere seinerseits so vollkommen säulenförmige Structur, wie sie nur irgend dem ächten Basalt eigen ist, zeigt. Das Auftreten von rothem Sandstein in der Nähe des Nunez erweist übrigens, dafs auch hier, wie in Angola und in Abyssinien, vulcanische Gesteine den Sandstein der Oberfläche durchbrochen haben. Die Schilderung der scheinbaren Gangmasse erinnert endlich auf das auffallendste an ähnliche, anscheinend vulcanisirte Sandsteine in Nubien, von denen noch später die Rede sein wird.

[2]) Journ. of the Geogr. Soc. of London II, 291.

[3]) Ebendort II, 294.

[4]) Annales maritimes et coloniales. Partie non offic. 1845. IV, 638.

[5]) Voyage a Timbouctou. 3 Vol. Paris 1829. I, 276, 279. II, 173.

Zuge vom Rio Nuñez nach dem Niger an verschiedenen Stellen schwarze vulcanische Gesteine angetroffen haben, was nicht gerade unwahrscheinlich ist, wenn wir sehen, dafs wenigstens Trachytfelsen am westlichsten Rande des Mandingoberglandes, namentlich am Senegal, nicht fehlen. Nach den Beobachtungen von Lieut. Beaufort findet sich nämlich an dem südlichen grofsen, unter dem Namen des Falemé bekannten Quellstrome des Senegal ein trachytisches Becken [1]), so wie auch der nördliche Quellstrom der Ba-fing in den bekannten Felouhcataracten oberhalb dem Französischen Fort St. Joseph oder Galam eine NNO. ziehende Trachytkette durchbricht [2]). Diese interessante Verbreitung des Trachyts am Falemé wurde in neuerer Zeit wiederum durch einen zweiten Französischen Reisenden, Raffenel bestätigt, der namentlich zu Sânsadi einem kleinkörnigen leicht schillernden Trachyt von gräulicher Farbe anstehend fand [3]). Ebenso beobachtete derselbe auf den Inseln der Abzweigungen des Falemé ziemlich ansehnliche Massen von Trachyt und zugleich von Basalt. Beide Gesteine dürften hier sogar in sehr bedeutender Verbreitung vorhanden sein, da der Goldführende Schutt längs dem Strome wesentlich aus einem mechanisch verkleinerten Trachyt und aus Trachytröllingen zu bestehen scheint [4]), und weil Raffenel zugleich das sehr häufige Vorkommen der Basaltmassen in Bambouk versichert [5]). So bemerkte derselbe unter andern aufwärts Sânsadi bei dem Dorfe Kaséla emporgehobene Basaltmassen mit streifiger Textur [6])

---

[1]) Bulletin de la soc. de Geogr. de France. Pr. Ser. III, 1.
[2]) Ebendort III, 332.
[3]) Annales maritimes et col. Part. non offic. 1847. II, 249.
[4]) Ebendort II, 249 und 256.
[5]) Ebendort II, 247.
[6]) Ebendort II, 247.

und, wie es scheint, von prismatischer Structur, so wie auch zu Sansabadioubé wirklich die Inseln des Flusses theils daraus, theils aus Granit bestehen [1]). Muthmafslich ist hier der Basalt das jüngere Gestein, indem der Granit nach des Reisenden Beobachtungen häufig durch basaltische Ergüsse (fusées) quer durch seine Masse durchsetzt wird. Diefs geschieht namentlich bei dem Orte Koliki, wo Raffenel Basaltgänge im Granit wahrnahm [2]). Stellenweise erscheinen dergleichen Basaltmassen an ihrer Oberfläche sogar schlackig mit grofsen, weiten Poren. Aufserdem wird noch durch Raffenel berichtet, dafs zu Karé am Falemé die Basalte im Wechsel mit neptunischen Schichten, also damit gleichförmig gelagert auftreten [3]). Sichtlich müssen aber alle diese Beobachtungen über die Verbreitung plutonischer und vulcanischer Gebilde am Falemé und Bafing zu der Ansicht führen, dafs ein unmittelbarer Zusammenhang derselben untereinander in den noch nie untersuchten Landstrichen zwischen beiden Flüssen oberhalb Galam stattfinden möge. Ist diefs richtig, so gewinnt bei der neulich noch erhaltenen Kunde von der Existenz von Spuren heifser Quellen in der Nähe der Meeresküste dieser Gegenden [4]) Beauforts alte Vermuthung über eine Verbindung der erwähnten Gesteinmassen sogar mit den dort anstehenden, gleichfalls mit den Trachyten wechselnden und in sie übergehenden Porphyren und Syeniten, und zugleich auch mit den Basalten von Gorée und den Bimssteintuffen der Cabo Verde Inseln [5]) einen hohen Grad von Wahrscheinlichkeit [6]).

---

[1]) Ebendort II, 235.

[2]) Ebendort II, 257.

[3]) Ebendort II, 251.

[4]) Capt. Belcher im Journal of the Geogr. Soc. of London. II, 283.

[5]) Bull. de la soc. de Geogr. de France III, 169.

[6]) Dafs die Goldalluvionen in Bambouk wesentlich aus verklei-

Selbst von dem nordwestlichsten Theile Africas, dem Maroccanischen Atlas, erhielten wir in Bezug auf ein Vorkommen thätiger oder erloschener Kratere bis in die neueste Zeit keine Nachrichten, wiewohl schon am Schlufs des

---

nertem Trachyt bestehen, scheint übrigens aufser Raffenels bestimmter Versicherung über das Vorkommen von Trachytröllingen in allen Goldablagerungen des Falemé noch der Umstand zu erweisen, dafs jene Alluvionen sehr eisenreich sind, indem sowohl in Ungarn am Fufse der trachytischen Vorberge der Karpathen, als am Strande von Neapel sich reiche Eisensandablagerungen gebildet haben, zu denen von dem zersetzten Trachyt das Material geliefert wurde. Schon Beaufort wurde durch seine Untersuchungen in Bambouk an die auffallende Aehnlichkeit der dortigen geognostischen Verhältnisse mit den von Humboldt beschriebenen in Guanaxuato erinnert. Berücksichtigt man aber hierbei, dafs dieser berühmte Naturforscher zuerst das Vorkommen des Goldes auf Gängen im Trachyt zu Villalpando in Mexico kennen gelehrt hatte (Essai politique sur la Nouvelle Espagne. Deux. Ed. Paris 1827. II, 138), und dafs ebenfalls Beudant späterhin ähnliche Vorkommnisse dieses Metalls unter ähnlichen Verhältnissen, wie die Bamboukanischen, in Ungarn angetroffen hat, wo Golderze zu Königsberg, Telkebanya und Beregszász in Ablagerungen zersetzter und verkleinerter Trachyte vorkommen und theilweise noch gewonnen werden (Voyage en Hongrie. Paris 1822. III, 473, 476 und 477), so ist mit Grund zu vermuthen, dafs die festen Trachytmassen Bambouks gleichfalls goldhaltig sind, dafs deren Zerstörung das Gold erst in die Alluvionen lieferte, endlich dafs das Goldvorkommen in den sämmtlichen Trachytgebieten Ungarns, Mexicos und Bambouks demselben unterirdischen feurigen Processe seinen Ursprung verdankte, der alle diese Länder in der Vorzeit erschütterte. Erwägen wir hiezu noch, dafs selbst in der neuesten Zeit Golderze in den Trachyten des vulcanischen Central Frankreichs und sogar des südabyssinischen Landes Shoa gefunden wurden und dafs unzweifelhaft die durch die Eretrier nach Strabo (Ed. II. Casaub. 247) auf der jetzigen Insel Ischia durch Bergbau im Alterthume gewonnenen Golderze im Trachyt vorkamen, so sieht man, dafs der vulcanische Procefs nicht eben selten die Entstehung des Goldes in

vorigen Jahrhunderts der Englische Reisende Lemprière [1]) erfahren hatte, dafs es dort Vulcane gebe, eine Nachricht, die jedoch in neuerer Zeit weder bei Jackson und Graberg af Hemsoe, noch in den Berichten von Capt. Washington, Augustin und Coquand, ja selbst nicht einmal in Renous neuestem überaus fleifsigem Werke über Marocco seine Bestätigung gefunden hat.

Viel ausgedehnter und mächtiger aber, als am Westrande Nord Africas finden sich die vulcanischen Massen am Ostrande und zwar besonders in Abyssinien, im Lande der Adáls und in Shoa entwickelt. Der erste Reisende, der von vulcanischen Gesteinen überhaupt in jenen Gegenden Kenntnifs erhielt, war der bekannte Seetzen, der schon im Jahre 1810 durch Mittheilungen von Eingeborenen von der Existenz des Obsidians an der Abyssinischen Küste erfuhr, die Lagerstätte aber selbst nicht aufsuchte. Auffallender Weise blieb jedoch Seetzens in von Zachs Monatlichen Correspondenzen [2]) mitgetheilte Notiz völlig unbeachtet, obwohl zu erwarten gewesen wäre, dafs dieselbe bei Natur- und Alterthumsforschern wiederum eine Aufmerksamkeit auf die alten, dem Reisenden, wie es scheint, selbst unbekannt gebliebenen Nachrichten aus dem Alterthum über das Vorkommen von Obsidianen bei dem Handelsplatz Adule in Aethiopien, wie sie sich sehr bestimmt im Periplus Maris Erythraei [3]) und noch früher bei

---

der Vorzeit in Trachyten veranlafst hat, und es wäre demnach wohl gerathen, nach dem Vorkommen dieses Metalls selbst in den Trachytgebieten Europas häufiger zu forschen.

[1]) Tour from Gibraltar to Marocco. London 1795. Deutsch in Forsters Magazin für die neuesten Reisebeschreibungen. Berlin 1792. VIII, 2, 99.

[2]) XXVII, 175.

[3]) The voyage of Nearchus and the Periplus of the Erythrean Sea by Vincent. Oxfort 1809. 73.

Plinius [1]) finden, gelenkt hätte [2]). Bekannter wurden diese Obsidianmassen erst durch den eifrigen und verdienten Englischen Reisenden Salt, der ausgerüstet mit einer genaueren Kenntnifs der älteren classischen Literatur und geleitet durch die im Periplus gegebene Beschreibung der Localität des Obsidians, dessen Aufsuchung südlich Massowah an der jetzigen Bay von Zulla mit Glück unternahm [3]) und dadurch die Genauigkeit der Schriftsteller des Alterthums glänzend erwies. Salts Forschung fand im Jahre 1809 noch vor Seetzens Erkundigungen statt, aber die Herausgabe seines Reisewerks erfolgte erst einige Jahre später, als bereits der Brief der letzteren Reisenden mit der Nachricht über den Obsidian publicirt war. Zuletzt fand auch Ehrenberg, wie ich durch seine eigene gütige Mittheilung weifs, lose Stücke des Minerals an der von Salt nachgewiesenen Stelle. Da aber aus Salts Mittheilungen selbst sich wenig Befriedigendes über die geognostischen Verhältnisse der Gegend, wo der Obsidian gefunden wurde, ergibt, und überdiefs das zweite Vorkommen des Minerals tiefer im Lande und mit gröfseren Stücken, wovon er Kunde erhielt, von ihm ganz unbeachtet gelassen wurde, so ist zu bedauern, dafs auch Rüppell bei seinem Besuche der Ruinen Adules diesem Gegenstande keine Aufmerksamkeit zugewandt hat [4]), indem die Verknüpfung der hiesigen Obsidianvorkommnisse, zuvörderst

---

[1]) Hist. nat. XXXVI, 67 und XXXVII, 65.

[2]) Seetzens Mittheilung wurde z. B. nicht durch Ritter in seiner Erdkunde. Africa 1822. S. 238, so wenig wie durch Humboldt bei der Herausgabe der zweiten Ausgabe seiner Ansichten der Natur, Stuttgart 1826. I, 82 berücksichtigt.

[3]) Voyage to Abyssinia and Travels into the Interior of that Country. London 1814, 192 — 193. Selbst der Entdeckung von Salt wurde von Humboldt bei seiner Erwähnung des Aethiopischen Obsidians (a. a. O. I, 82) noch nicht gedacht.

[4]) Reisen I, 165 — 268.

mit den isolirten benachbarten vulcanischen Kegeln, welche aus der aufgeschwemmten Uferfläche des Golfs bei Afté und Zulla mit Lavenströmen und schwarzen Lavafelsen sich erheben [1]), dann mit zahlreichen und zugleich grofsartigen Producten der vulcanischen Thätigkeit im nordöstlichen Abyssinien z. B. mit grofsen Trachytmassen [2]), wahren trachytischen Lavenströmen [3]), zahlreichen Krateren [4]), häufigen Thermalquellen und ausgedehnten, von Kie-

[1]) Rüppell Reise nach Abyssinien. 2. B. Frankfurt 1840. I, 264—265. II, 315.

[2]) Die erste Erwähnung grofser Abyssinischer Trachytmassen findet sich bei Rüppell, welcher dieselben in sehr weiter Verbreitung in NO. Abyssinien antraf (Museum Senkenbergianum. Frankfurt 1834. I, 286 und in der Reise nach Abyssinien. I, 351, 387; II, 289). Sie wurde durch die beiden Französischen Capitaine Ferret und Galinier (Comptes rendus de l'Académie de Paris. 1844. XIX, 882) bestätigt, und wir haben besonders aus dem eben erscheinenden Werke dieser beiden rüstigen Forscher, die mehrere Jahre der genauen Untersuchung des nordöstlichen Abyssiniens widmeten, auch in geognostischer Hinsicht viele interessante Aufschlüsse und namentlich genauere Aufklärungen über die Lagerungsverhältnisse der dortigen Trachyte und Laven zu erwarten.

[3]) Rüppell beobachtete dergleichen namentlich unter den Laven der Küstenstufe in der Nähe Massowahs und des Rothen Meeres (Reisen I, 264; II, 315).

[4]) Der ganze Plateaurand Abyssiniens gegen das Rothe Meer erscheint erfüllt mit Kratern, die sich bis tief in das Innere des Landes erstrecken mögen, indem Rüppell ausdrücklich denjenigen Theil des letzteren, der sich bis zu dem grofsen Dembeasee ausdehnt, als von durchweg vulcanischer Natur bezeichnet (Reisen. I, 406; II, 67, 100, 169, 254, 256). — Zwei kegelförmige Kegel mit Krateren, beide auffallender Weise Alequa oder Aloqué genannt, (heifst diefs im Abyssinischen Vulcan?) traf unter andern Rüppell (I, 344; II, 243, 263, 315) in dem nordöstlichen Theile des Landes und zwar den einen am Tacazze in der Provinz Siré, den andern in der Landschaft Agamé, wo sich derselbe an der NNWspitze der gleich zu erwähnenden

selmandeln erfüllten Mandelsteinen [1]) deutlich ergibt, dafs der nordöstliche Abfall und die obere Fläche des hohen Abyssinischen Plateaus einst der Schauplatz einer gewaltigen, durch feurige Processe bewirkten Veränderung war. Besonders wichtig aber ist in dieser Hinsicht die Mittheilung eines Reisenden aus den letzten Jahren, des Französischen Schiffslieutenant Lefebvre [2]), dafs sich südsüdöstlich Massowah am Rande der grofsen durch ihren Schwefelgehalt, besonders aber durch unermefsliche Salzablagerungen bekannten Ebene im Lande des Taltalvolks 3 Vulcane finden, von denen zwei nach der Versicherung der

---

Taltalebene als ein isolirter conischer Berg darbietet. Aufserdem nennt Rüppell als vulcanisch die Berge von Genemfara (I, 372, 391, 398) oder Sananfara (II, 254), den Waken (II, 68 und 71) und den Ankodibvulcan bei Workemider (II, 153 und 166), und er erwähnt namentlich von letzterem, der vielleicht mit dem Sananfaraberge identisch ist (II, 254), dafs er mit 3—4 isolirten Zacken, den unzweifelhaften Ueberbleibseln eines eingestürzten Kraters, auftrete, von welchem, gleich wie von den übrigen vulcanischen Kegeln, das durch horizontale Sandsteinschichten gebildete hohe Plateau der Provinzen Samen und Agamé durchbrechen wird (Reisen I, 344, 356, 387, 388, 406, 418; II, 143, 262, 315, 318). Ferret und Galinier bestätigten ebenfalls die grofse Zahl erloschener Kegel im nordöstlichen Abyssinien.

[1]) Himmelblaue Calcedon- und andere Kieselmandeln erfüllen nach Rüppell (I, 351, 387, 413; II, 289) die Mandelsteinfelsen Ost Abyssiniens und der Provinz Samen, welche am Westrande des Tacazzeflusses liegt. Da aber früher Salt (404), ebenfalls an der Ostseite dieses sehr tief eingeschnittenen Flusses lose Kieselmandeln bei der Stadt Adowa, also in weiter Entfernung von Samen gefunden hatte, so bestätigt diefs, da diese unmöglich von den Gebirgen Samens herbeigeschwemmt sein konnten, das Anstehen von Mandelsteinmassen im nordöstlichsten Abyssinien.

[2]) Voyage dans l'Abyssinie executé pendant les années 1840, 41, 42, 43. Paris 1844—48. Rel. hist. III, 13.

Landesbewohner noch brennen und ein dumpfes, des Teufels Tambour von der angränzenden Bevölkerung genanntes Getöse hören lassen. Muthmafslich verdanken diesen Vulcanen die Schwefelmassen in der Taltalebene und der neuerlichst von Ant. Abbaddie[1]) erkundete Schwefelberg unfern Massowah ihren Ursprung, da bei dem Auftreten der ansehnlichen Trachytmassen in diesen Gegenden anzunehmen ist, dafs sich zugleich auch Solfataren in letzteren ausgebildet haben.

Wie erwähnt, scheinen die alten ächt vulcanischen Gebilde bis tief in das Innere Abyssiniens fortzusetzen, ohne dafs es aber einem einzigen der zahlreichen neueren Reisenden, welche das Land in den letzten Jahren durchzogen, gelungen ist, dort einen noch thätigen Vulcan zu entdecken. Im Binnenlande Abyssiniens wäre demnach der vulcanische Procefs in Bezug auf Aeufserungen an der Oberfläche selbst als völlig ruhend anzusehen. Früher mufs sich aber die vulcanische Thätigkeit sogar bis jenseits des Dembeasees nach Südwesten erstreckt haben, indem der neuere Englische Reisende Beke noch an dem Rande des die Gränze der Abyssinischen Landschaften Damot und Godscham bildenden Zinginiflusses vulcanische Gesteine nebst einer Masse vulcanischer Kegel oder hochspitziger Dome (high pointed domes) antraf[2]), eine Entdeckung, die mit Grund vermuthen läfst, dafs die vulcanischen Gebilde Nord Abyssiniens mit den gleich zu erwähnenden in Shoa und im Lande der Adáls in inniger Verknüpfung stehen, und dafs sie sämmtlich Producte nur eines und desselben gewaltigen unterirdischen Heerdes feuriger Processe sind, dessen Wirksamkeit sich immer mehr gegen den Ostrand des Continents zurückzuziehen scheint.

---

[1]) Bull. de la soc. de Géogr. de France. 1842. XVIII, 357.

[2]) Journal of the Geogr. Soc. of London XII, 7.

Was nun die Entwickelung vulcanischer Massen in den Landstrichen südlich des jetzigen Abyssiniens betrifft, so waren die Deutschen Missionare Isenberg und Krapf wohl die ersten, welche auf ihrem Wege in das Binnenland zwischen dem Hafenplatze Tadschourra und Shoa staunenswerthe Entwickelungen vulcanischer Aschen, gebrannte Gesteinmassen und zahlreiche heifse Quellen antrafen und gleichzeitig die Zerrissenheit des Bodens durch Klüfte und Spalten von der Einwirkung feuriger unterirdischer Processe ableiteten [1]). Unmittelbar darauf überzeugte sich auch der Französische Reisende Rochet auf derselben Tour von der ungeheuren Stärke und Ausdehnung der vulcanischen Gesteinmassen im Adállande und in Shoa [2]), was er noch auf einer späteren Reise zu bestätigen Gelegenheit hatte [3]). Das äufsere Gepräge der Felsmassen in beiden genannten Ländern mufs übrigens so entschieden ihren feurigen Ursprung characterisiren, dafs sogar die Eingeborenen das zwischen Makdoshú im Süden und dem Nubischen Hafen Suakim gelegene ostafricanische Küstenland sehr bezeichnend Burr Adschem oder Berr el Aadschami [4]), d. h. das Feuerland, wie ein neuerer

---

[1]) Aus den Memoirs of the Geogr. Soc. of Bombay im Bull. de la soc. de Géogr. de France. 1840. XIII, 160 und Journals of the Messrs. Isenberg and Krapf. London 1843, 21 und 22.

[2]) Bulletin de la soc. de Géogr. de France XV, 280 und Rochets Voyage sur la côte occidentale de la mer Rouge, dans le pays d'Adel et le Royaume de Shoa. Paris 1841. 52, 63, 66, 69, 71, 75, 77, 84, 94, 103, 263 u. s. w., womit namentlich auch Dufrénoys Bericht über diese Reise in den Comptes rendus de l'Acad. de Paris 1846. XII, 925—926 zu vergleichen ist.

[3]) Second voyage dans le Pays des Adels et le Royaume de Choa. 1846. 52, 96, 335 u. s. w. und Dufrénoys Bericht über diese zweite Reise in den Comptes rendus. 1846. XXII, 808.

[4]) Von den Arabischen Worten ber (Festland) und Adschem, welches letztere aber zugleich auch so viel als barbarisch

Englischer Reisender Johnston [1]) berichtet, nennen. In der That zeigt dieser ganze lange Küstenstrich, wo man ihn irgend kennen lernte, entweder bestimmt vulcanische Producte und Kratere oder wenigstens Tafel-, Zuckerhut- oder Kegelförmige, ja zuweilen auch ausdrücklich schwarz genannte Berge, die nach ihrer Farbe und Configuration, wie die Erfahrung in Süd Africa lehrt, sämmtlich schwerlich etwas anderes, als vulcanische Erzeugnisse sind. So berichtet unter anderen Johnston [2]), dafs bei dem Hafen Berbera (etwa 10° 25′ N. B.) eine Reihe niedriger vulcanischer Hügel erscheine, die viele Meilen weit in das Innland in SW. Richtung fortsetzen, und es hörte gleichfalls Abbaddie von Bour (Ber?) Medaw, d.h. schwarzen Bergen bei dem nördlich Berbera gelegenen Hafen Zeila sprechen [3]). Noch weiter gegen Norden traf abermals Rochet an der nämlichen Küste zu Tadschourra basaltische oder trachytische Gesteinmassen an [4]), wie endlich nach demselben Reisenden auch der östliche Rand der Strafse el Mandeb (Bab el Mandeb) ganz mit vulcanischen Gebilden erfüllt zu sein scheint. So nennt hier grade Rochet aufser dem kegelförmigen Berge Sedschàn (Dschebel Sedschàn; auch Grofser Sian genannt), der nach ihm ein

---

oder fremdartig bedeutet. Es scheint demnach, dafs die Araber diesen Küstensaum ausdrücklich durch einen eigenen Namen von dem gegenüberliegenden, durch eine gleiche aufserordentliche Entwickelung der Temperatur ausgezeichneten Küstenstrich ihres eigenen Landes unterschieden haben. Letzterer führt bekanntlich den Namen Tahama.

[1]) Travels of Southern Abyssinia. 2 Vol. London 1844. I, 11, wo sogar ausdrücklich angegeben wird, dafs der in Rede stehende Küstenstrich, wie Persien, welches oft auch diesen Namen führt, denselben seines vulcanischen Characters wegen erhalten hätte.

[2]) I, 31.

[3]) Bull. de la soc. de Géogr. de France XVIII, 219.

[4]) Sec. Voy. 331.

Vulcan ist [1]) und sich gleichfalls auf Commodore Moresbys neuerer Charte des Rothen Meeres [2]) als vulcanisch bezeichnet findet, 7 andere Vulcane, von denen einer den Namen des kleinen Sedschân, zwei andere den Namen Hamra und die übrigen den von Sababo und Sababé führen. Selbst den in der Breite von Mokka innerhalb des Bab el Mandeb auf ostafricanischen Boden gelegenen Hafenplatz Rayeta sah Rochet mit Vulcanen umgeben, so wie er hier noch eine ganze Reihe vulcanischer Berge antraf, die sich bis Rayeta erstrecken. Muthmafslich ist diese Bergreihe dieselbe, wovon neuerlichst noch Johnston Kunde gab [3]). Nach letzterem erstreckt sich nämlich ein Bergzug deutlich feurigen Ursprungs, der sicherlich nur seines auffallenden Aeufseren wegen, gleich dem Angolanischen Mouloundou Zambi, den arabischen Namen des Geisterberges (Dschebel Dschin) von den Landesbewohnern erhielt [4]), von Rayeta [5]) aus einige Meilen landeinwärts. In dieselbe Küstenstrecke gehört endlich der Ras (Spitze oder Cap) Serayer von Moresby, der ein hoher vulcanischer Berg von brauner Farbe und der Gestalt eines Hauses ist [6]).

Für die Existenz zahlloser Kratere und zugleich eine gewaltige Entwickelung vulcanischer Producte im Innern des Adallandes und in Shoa besitzen wir aber aufser Ro-

---

[1]) Sec. Voy. 331.

[2]) Chart of the Red Sea, Jiddah, the Straits of Bab el Mandel surveyed in the years 1830—1833. London.

[3]) I, 42.

[4]) Von den Arabischen Worten Dschebel und Dschin. Capt. Haines schreibt dafür (Journ. of the Geogr. Soc. of London IX, 127) Jebel Jan nach Englischer Aussprache.

[5]) Johnston setzt dafür Raheita.

[6]) In der Französischen Uebersetzung der Erläuterung zu Moresbys Charte in den Annales mar. et col. Partie non offic. 1847. I, 189 wird eigentlich grange (Scheune) gesetzt.

chets Mittheilungen noch eine ganze Reihe von Berichten neuerer Englischer, Französischer und Deutscher Reisenden, die fast um dieselbe Zeit oder wenigstens nur wenig später, als Isenberg und Krapf nach jenen Ländern gelangten. Leider befand sich unter allen diesen Reisenden kein Geognost, und es ist deshalb sehr zu beklagen, dafs selbst der einzige derselben, der ausdrücklich in der Function eines Naturforschers Shoa besuchte, sich hier in den günstigsten und freiesten Verhältnissen Monate lang bewegte und zugleich einen grofsen Theil des Landes kennen lernte, der Dr. Roth, ein Deutscher, bisher nicht für gut befunden hat, seine Ausbeute vollständiger der wissenschaftlichen Welt mitzutheilen, indem der kurze und dürftige, vor einigen Jahren in den Münchener Gelehrten Anzeigen über seinen Aufenthalt in Shoa von ihm veröffentlichte Bericht [1]) gar wenig befriedigt. Immer aber ergibt sich auch aus diesem, wie aus den vielfachen Zeugnissen von Johnston [2]), Harris [3]), Kirk [4]) und Lefebvre [5]), dafs Rochets Schilderungen des gewaltigen Umfangs, womit die vulcanischen Phänomene in diesen Theilen Ost Africas auftreten, völlig richtig sind. Sie berichten nämlich übereinstimmend, dafs im flachen Küstenlande des Adáls sowohl, als im hochgelegenen Shoa sich genau dieselben Erscheinungen wiederholen, dafs in

---

[1]) 1844. I, 12—15; 17—22; 25—31. Selbst in der Anzeige, die Roth von dem Berichte des verstorbenen Majors Harris über seine Reise nach Shoa (ebendort 1844. I, 761 u. s. w.), woran er in Person Antheil genommen hatte, fühlte sich derselbe nicht veranlafst aus eigenen Erfahrungen Einiges hinzuzufügen.

[2]) I, 42, 76, 111, 114, 120, 167, 216, 256, 341, 394, 459, 467.

[3]) W. Cornwallis Harris the Highlands of Aethiopia. 3 Vol. London 1844. I, 87, 98, 99, 100, 111, 123, 148, 423, 424 u. s. w. III, 253, 259.

[4]) Journal of the Geogr. Soc. of London. XII, 222, 231.

[5]) II. 294.

jenem z. B. zahlreiche aus Laven, Wacken, Tuff und Schlakken bestehende Hügel erscheinen, und dafs ebenfalls in diesem eine wesentlich aus Sandstein und Conglomeraten bestehende Hochfläche [1]) häufig durch Laven, Trachyte und Basalte in gewaltigen Massen durchbrochen würde. Nächstdem treten in diesen Gegenden grofse wallartige Ströme von Laven auf (wie namentlich Kirk am Hellmundberge in Shoa wahrnahm), die sich zuweilen selbst bis zu den Mündungen von Krateren verfolgen lassen [2]). Letzteres war unter andern auch zwischen Aroieta und Dabita [3]) am Hawasch der Fall, wo Rochet [4]) die Anhäufung der Lava so aufserordentlich fand, dafs er sie für gar viel bedeutender, als die aller aus den drei grofsen Vulcanen Süd Europas, dem Vesuv, Aetna und dem grofsen Stromboli Vulcan hervorgegangenen Lavenmassen zusammengenommen erklärte. Kleine kegelförmige Kratere bedecken namentlich zu Dabita in Menge das dortige Lavenfeld, dessen Durchmesser von Kirk [5]) auf 30 Englische Meilen geschätzt wird, und dessen Mächtigkeit Rochet sogar für bedeutender, als die der Laven von Alexitane und Boullata am Südrande des in neuerer Zeit so berühmt gewordenen salzigen Binnensees, der Bahr Assal erklärte [6]), obgleich letztere Laven selbst mit

[1]) Johnston I, 76, 120 und auch noch 320; II, 398. Schon die grofse Verbreitung einer oder der anderen Liliaceenart (Harris II, 405) erweist, dafs hier, wie in Süd Africa, sich weite dürre, durch Sandstein gebildete Ebenen finden.

[2]) Rochet Pr. Voy. 93; Kirk XII, 232; Harris I, 101.

[3]) Abida nach Harris.

[4]) Rochet Pr. Voy. 104.

[5]) Journal XII, 231. Harris (I, 260) sagt, dafs es hier ein Feld erloschener Kratere gebe, von denen ein jeder mit einem Gürtel verglaster Laven umgeben sei. Meilenweit biete die Gegend rund um die Base der gröfseren Vulcane nur ein einziges Lavenfeld dar.

[6]) Pr. Voy. 105.

130—140 Fufs ununterbrochener Stärke auftreten [1]). — Ueberhaupt ist die Entwickelung der ausgezeichnetsten vulcanischen Producte und die Zahl der von Rochet [2]), Lefebvre [3]), Harris [4]), Johnston [5]) und Kirk [6]) in diesen Theilen Ost Africas angetroffenen Kratere so aufserordentlich, dafs der Erste ausdrücklich die Ansicht aussprach, es dürfte kaum einen anderen Punkt der Erde mit so viel erloschenen Krateren und so gewaltigen Lavenfeldern geben, und es würden die Alten bei nur einiger Kenntnifs dieses vulcanischen Gebiets sich unzweifelhaft bewogen gefühlt haben, die Feuerwerkstatt der Cy-

---

[1]) Ebendort 72.

[2]) Bulletin de la soc. de Géogr. de France. 1841. XV, 280, und Pr. Voy. 94, wo z. B. die Existenz von 5 benachbarten erloschenen Vulcanen, deren einer durch Gröfse und Gestalt an den Vesuv erinnert, bei dem Orte Coummi in Shoa erwähnt wird; endlich 93, 263; Sec. Voy. 96.

[3]) II, 294.

[4]) I, 260, wo bei dem schon genannten Orte Abida ein bis 3000 Fufs über den Meeresspiegel ansteigender Berg, der zugleich einer der mächtigsten vulcanischen Berge Shoas ist, als eine Art Centralvulcan dargestellt wird, dem die unzähligen kleineren Vulcane in der unmittelbaren Nachbarschaft ihren Ursprung verdanken sollen. Harris (I, 101 und 423) nennt den ganzen Landstrich die Ebene von Sultelli und erwähnt südlich davon zu Maroo (I, 424) noch einen kleinen Krater. Selbst östlich von dort wurden durch Harris Kratere am Südrande des salzigen Assalsees (Bahr Assal I, 101) beobachtet, denen muthmafslich die oben erwähnten Lavamassen ihren Ursprung verdanken mögen; die bedeutendsten von allen dürften jedoch die sein, welche derselbe Reisende (III, 228, 253, 259) unter dem Namen des Saboo, Fantali und Winzegoorkraters an der Gränze des Mentschardistricts und unfern dem Hawasch im südlichsten Theile Shoas kennen lernte.

[5]) I, 114, 347 (in der Nähe der Sultelliebene bei Abida), 349 (bei Abida), 459 und 464 (am Hawash in einer äufserst lavareichen Gegend), 467 (bei Azboti).

[6]) A. a. O. XII, 231, 235.

clopen und den Schauplatz des Titanenkrieges hierher statt nach Sicilien zu verlegen [1]. Sogar in dem südwestlichsten Theile Shoas, den Europäische Reisende in neuerer Zeit erreichten, fehlt es an ächt vulcanischen Gebilden nicht, in dem Rochet dort einen daraus bestehenden Bergzug [2]) und dann Lefebvre unter dem 8° 40′ N. B. alte Kratere [3]) nebst Trachyten antraf [4]). Solche Erfahrungen lassen in der That mit allem Grund vermuthen, dafs die vulcanische Thätigkeit sich aus jenen Gegenden einst noch viel weiter in das Innere des Continents erstreckte, und dafs also fernere Untersuchungen auch die Spuren derselben in den obersten Nilländern südlich und westlich Shoa nachweisen werden.

Untersucht man endlich noch die materielle Beschaffenheit der in Shoa und im Adállande auftretenden vulcanischen Gebilde, so weit sie bekannt ist, so ergibt sich, dafs aufser Basalten [5]) und basaltischen Laven [6]), wesent-

---

1) Sec. Voy. 68. Selbst kleine Vulcane, wie der Komé, waren zuweilen im Stande staunenswerthe Laven zu ergiefsen, die auch wohl, wie es an dem ebengenannten Vulcane der Fall war, mit ebener Fläche erhärteten (Kirk XII, 232; Rochet Sec. Voy. 97). So besteht auch die ausgedehnte Fläche von Eyroluf (Harris I, 423) nur aus einer einzigen festen, dunkelschwarzen Lavamasse mit ebener Oberfläche. Bemerkenswerth ist endlich, dafs selbst die Basalte Shoas bisweilen ganz den Lavencharacter an sich tragen, indem die Aufsenseite der basaltischen Berge von Schlacken umhüllt wird (Harris II, 399), eine Erscheinung, die sich, wie bekanntlich Leop. von Buch nachgewiesen hat, an der Aufsenseite Deutscher Basalte nicht selten wiederholt.

2) Ebendort 201.

3) II, 237.

4) Ebendort 251.

5) Basalte werden namentlich durch Rochet häufig angeführt. Für ihre Lagerung gegen Trachyte ist bemerkenswerth, dafs in Shoa (bei Ankober; Rochet Sec. Voy. 333), wie in Egyp-

lich Trachyte, Trachyttuffe und Obsidiane darunter erscheinen, und dafs selbst die Masse der ächten Lavenströme nach Rochets, durch Dufrénoy untersuchten Handstücken sich häufiger an solche trachytische Laven anschliefst, wie wir sie vom Arso auf Ischia und vom Olibano Berge an der grofsen Solfatara bei Puzzuoli kennen.

---

ten (ebend. nach Dufrénoy XXXV) der Basalt als ein etwas jüngeres Gebilde erscheint, indem er sowohl auf Trachyt ruht, als auch dessen Abhänge bedeckt. In Frankreich kennt man ähnliche Lagerungsweise. Dufrénoy ist indessen geneigt, dieselben anders zu erklären und in dem Trachyt vielmehr das jüngere Gebilde zu sehen, das (ähnlich etwa dem Trachytgürtel im centralen Theile Islands) ältere Basaltdecken aufsprengte, sich einen Weg an die Oberfläche bahnte und dabei Theile der Decke in die Höhe schob (Rochet Sec. Voy. XXXV). Auf eine sehr interessante Weise sehen wir in der That die Vermuthung Dufrénoys durch die Angabe von Harris (II, 399), dafs die Cratere oder vulcanischen Schlünde dieses Theils von Africa mitten in einer schon vorhandenen älteren, aus Trapp gebildeten Kruste auftreten, und dafs die trachytischen Laven nebst ihren Tuffen sich über den älteren Trapp hinweglagern, bestätigt. Doch ist von letzterem Gestein wiederum derjenige Basalt zu trennen, der in Gängen die Trachyte und deren Tuffe bestimmt durchsetzt, indem er schon deshalb nothwendig jünger als dieser und folglich auch noch jünger als der Trapp sein mufs (Harris oder Roth in Harris II, 399). Manche dunkle Gänge möchten jedoch schwerlich Basalte sein, und wirklich finde ich in der Schilderung, welche der Englische Reisende Johnston von solchen mehrere Fufs starken, dunkleren Gesteinstrichen liefert, die er in den grauen Trachyten von Farree in Shoa antraf und für wahre Gänge erklärte (Travels in Southern Abyssinia through the country of Adal. London 1844, II, 42) nicht ausdrücklich gesagt, dafs sie basaltisch seien.

[6]) Das bestimmte Vorkommen basaltischer Laven wird von Rochet Sec. Voy. 335 erwähnt; er traf dieselben zugleich mit den oben zu erwähnenden trachytischen zu Angolola und Ankober.

So sind z. B. die Laven, welche Rochet zu Angolola und Ankober, den beiden Hauptstädten Shoas, wahrnahm, trachytisch [1]), und gleicher Natur müssen somit auch diejenigen sein, welche dem grofsen erwähnten Lavenfelde zwischen Aroieta und Daffare angehören, indem dieselben trotz ihres porösen und schlackigen Wesens, das sie den Laven von Volvic und vom Puy de la Nugère in der Auvergne so ähnlich macht, dennoch ausgezeichnet krystallinisch erscheinen, und gleichzeitig namentlich ziemlich deutlich ausgebildete glasige Feldspathkrystalle, gleich wie die Trachyte des Mont Dore und des Drachenfels enthalten [2]). — Es scheint jedoch ein sehr bemerkenswerther Unterschied zwischen diesen südlichen und den Nord Abyssinischen Trachyten stattzufinden, indem jene sich durch häufigere Verglasung und durch ihre Obsidian- und ihre Bimssteinbegleitung auszuzeichnen; wogegen letztere, mit Ausnahme der Lagerstätte von Zulla, bisher kein einziges bekanntes Obsidianvorkommen [3]), so

---

1) Rochet Sec. Voy. 335.

2) Dufrénoy bei Rochet XXXIV und Comptes rendus de l'Acad. de Paris. XXII, 807). Die glasigen Feldspathkrystalle erinnern an die in den vulcanischen oder plutonischen Gebilden Angolas vorkommenden Krystalle, welche Douville als Schorl blanc bezeichnete. Sie finden sich hier auch in den rauhen, glasigen, aufgeblähten Laven von Alexitane (Rochet Pr. Voy. 69).

3) Wenn Rüppell (Mus. Senkenberg. I, 286; Reise I, 421) bestimmt behauptet, dafs der Küstensaum des eigentlichen Abyssiniens aufser einzelnen niedrigen Kuppen von Dolerit und Basalt auch aus Obsidianlaven besteht, so ist dieser Angabe schwerlich ein besonderer Werth beizulegen, indem der Reisende, wie erwähnt, nicht einmal das von Salt (und Ehrenberg) erforschte Vorkommen des Osidians an der Zullabay aufgesucht und überhaupt zu wenig das Küstenland kennen gelernt hat, um über dessen Ganzes zu einem so allgemeinen Urtheil berechtigt zu sein. Ein zweites bestimmtes Obsidianvorkommen in den angegebenen Ge-

wenig als eine Bimssteinablagerung dargeboten haben. Ist es nun auch nicht grade unmöglich, dafs weitere Forschungen zu der Kenntnifs noch mehrerer Obsidian- und Bimssteinablagerungen im eigentlichen Abyssinien führen werden, so darf doch schon jetzt in Berücksichtigung, dafs in keinem der neueren und ziemlich zahlreichen Berichte über dieses Land nur das Mindeste von vulcanischen Gläsern oder von Bimssteinen bemerkt wird, mit Grund gefolgert werden, dafs hier dergleichen Gebilde höchst sparsam sein müssen, indem sie sonst schwerlich den Wahrnehmungen so aufmerksamer und unterrichteter Beobachter, wie Salt, Rüppell und Lefebvre entgangen wären. — Im Adállande und Shoa ist dagegen das Vorkommen des Obsidians nicht auf einzelne Punkte, von denen Fouri, Pétas [1]), Killoulou [2]), Meinhatolli und Madera-dubba [3]) namentlich aufgeführt werden, beschränkt, sondern es wird sogar ausdrücklich durch Rochet versichert, dafs er in dem ganzen Landstriche auf seinem Wege von Tadschourra nach Shoa Basalte, Trachyte und zellige Obsidianlaven gefunden habe [4]). — Berücksichtigen wir hierbei noch den bekannten Erfahrungssatz, dafs sowohl aus den Bimssteinen, von denen mehrere Vorkommnisse in Shoa bekannt worden sind [5]), als auch aus

genden finde ich in der That nirgends in Rüppells Reisewerk aufgeführt.

[1]) Rochets Sec. Voy. 335.

[2]) Kirk XII, 229.

[3]) Harris I, 424.

[4]) Sec. Voy. 335.

[5]) Rochet (Pr. Voy. 103) führt Bimsstein zugleich mit geflossenen Laven und verglastem Trachyt zu Daffare an. In derselben Localität erscheint ferner ein Gestein (Pumit bei Rochet) von bimssteinartiger Beschaffenheit, das dem Obsidian ganz ähnlich sein soll. — Auch Harris (I, 424) erwähnt, dafs zwischen Meinhatolli und Madéra-dubba Obsidiane mit Bimssteinen vorkommen.

den häufiger im Adallande und in Shoa angetroffenen glasigen Trachyten [1]) und endlich aus den gewöhnlichen festen, porphyritischen und granitischen, mitunter in Shoa sogar in den Phonolith neigenden [2]) oder zelligen [3]) Trachyten Uebergänge in wahre vulcanische Gläser oder in perlsteinartige Abänderungen [4]) derselben stattgefunden haben können, so erweitert sich in der Thal das Gebiet des hiesigen Trachyts um ein Bedeutendes, und es wird damit selbst die Behauptung, dafs diese Gebirgsart mit ihren Tuffen wesentlich zu der Bildung der jetzigen Oberfläche dieser Gegenden beiträgt, vollkommen gerechtfertigt. Muthmafslich begleiten Trachyte und Obsidiane sogar das jenseits der Gränzen Shoas supponirte vulcanische Gebiet, indem das letzte Gestein wirklich noch in dem südlichsten Theile Shoas und zwar hart an den Gränzen der in neuerer Zeit von keinem Europäer wieder betretenen Landschaft Guragne durch Rochet gefunden wurde [5]).

Laven anderer Art wurden in Shoa und im Adállande,

---

[1]) Rochet Pr. Voy. 71 (Gongonta im Lande der Adáls), 77 (Abayton ebendort), 80 (Saguguedane ebendort), 92 (bei Odar Doura ebendort), 103 (Aroieta ebendort). Zuweilen gehen diese Verglasungen so weit, dafs sich Trachyte finden, die durch die eingewachsenen schwarzen Obsidiankörner schwarz erscheinen (Harris II, 399).

[2]) Zwischen den östlich vom grofsen Abidavulcan liegenden beiden Orten Meinhatoli und Madera-dubba im Adallande treten nach Harris (I, 424) nächst den Obsidianen auch Phonolithe auf. Die Natur der letzteren sollen nach diesem Berichterstatter (oder dessen Begleiter Roth) besonders diejenigen Trachytpartien haben, welche in der Nähe basaltischer Gänge, von denen ihre Massen durchsetzt werden, erscheinen (II, 399).

[3]) Harris II, 399.

[4]) Perlsteine kommen, wie nach Douville angeführt war, auch in Angola vor.

[5]) Sec. Voy. 209. Der mit Obsidian bedeckte Boden soll hier von Weitem, wie durch Hochofenschlacken bedeckt erscheinen.

so viel wir wissen, nur wenig wahrgenommen. So scheinen z. B. sodalithische in der Art der neueren Laven aus dem Vesuv nicht vorzukommen, und selbst von leucitischen finde ich nur einmal eine Erwähnung bei Rochet, der dieselben zu Daffare in Shoa, also an derselben Localität anführt [1]), wo das grofse Gefilde trachytischer Laven auftritt. Ist die Angabe richtig, so bilden die hiesigen Leucitlaven wahrscheinlich ein ähnliches isolirtes Vorkommen mitten in Massen trachytischer Natur, wie es mit denen am Vesuv der Fall ist, wo bekanntlich die Auswürflinge leucitischer Natur sind und unbezweifelt von den in der Tiefe anstehenden gröfseren Massen desselben Gesteins herrühren.

Unzählige heifse Quellen, die man in neuerer Zeit fast überall in Shoa und im Adallande kennen gelernt hat, erweisen übrigens, dafs der feurige unterirdische Heerd, der in der Vorzeit unermefsliche vulcanische Gebilde hier an die Oberfläche gebracht hat, auch jetzt noch nicht ganz erloschen ist. Dafs aber hier sogar in neuerer Zeit vulcanische Massen zu Tage traten, und selbst mächtige Vulcane mit offenen Krateren thätig waren, ja dafs es hier vielleicht noch jetzt, wenn auch nicht Lavenströme ergiefsende Vulcane, doch Rauchwolken ausstofsende Solfataren gibt, lehrt übereinstimmend eine ganze Reihe von Beobachtungen neuerer Reisenden. Schon das äufsere Ansehen mancher vulcanischen Massen ist von der Art, dafs eben diese Beobachter veranlafst wurden, die Entstehung derselben in eine sehr jugendliche Zeit zu versetzen [2]). Von verschiedenen Krateren, die an zwei Stellen Shoas vor-

---

[1]) Sec. Voy. 336.

[2]) Diefs scheint aufser den gleich oben zu erwähnenden Laven vom Sabookrater in Shoa auch mit einer Ablagerung vulcanischer Substanzen in dem Gobaadthale des Adállandes geschehen zu müssen (Harris I, 148).

kommen, zogen sie sogar bestimmte Kunde ein, dafs sie noch vor etwa 30—40 Jahren in voller Thätigkeit gewesen waren, Laven ergossen oder wenigstens Flammen aus ihrem Schlunde ausgestofsen haben. Aeufsert sich z. B. Harris dahin, dafs manche Districte Shoas Vulcane enthalten, die vor noch nicht einem halben Jahrhundert in voller Thätigkeit gestanden hätten [1]), so bezieht sich diefs unzweifelhaft vorzüglich auf diejenigen Gegenden im Süden des Landes und unfern des Hawash, worin die grofsen Kratere des Saboo, Winzegoor, Fantali, so wie der sich daran unmittelbar anreihende merkwürdige Bourchouttaschlund auftreten. Der erste der genannten Vulcane erhebt sich etwa unter dem 9° N. B. als grofser isolirter Berg mitten aus einer wohl bevölkerten Ebene [2]). Nach Harris Erkundigungen bei den Eingeborenen soll derselbe wirklich noch vor etwa 30 Jahren (also zu Menschengedenken) zur Zeit der Regierung des Grofsvaters des jetzigen Beherrschers vom Shoa in voller Thätigkeit gewesen sein, eine Angabe, die dem Reisenden durch das jugendliche Ansehen der aus dem Saboo hervorgegangenen Lavenströme sehr glaubhaft vorkam. — Von dem anderen benachbarten vulcanischen Berge, dem Winzegoor gilt dasselbe [3]), indem auch dieser neuerlichst (recently) noch die umliegende Gegend mit seinen aus einem ungeheuren Schlunde [4]) hervorgegangenen Lavenmassen überdeckt haben soll. Die Länge dieses letzteren Kraterschlundes schätzte Harris auf 2, die Breite auf eine halbe Englische Meilen, und er fand dessen Boden mit der üppigsten grünen Vegetation bedeckt, zwischen welcher

[1]) II, 398; III, 266.

[2]) III, 253.

[3]) III, 259 und 260.

[4]) Monstruous nennt Harris sogar den Krater, dessen Wände senkrecht 6—800 Fufs hoch angeblich aufsteigen.

schwarze aufgeworfene Massen zum Vorschein kamen. Zwei nackte abgestutzte Kegel, die in derselben Zeit etwa, wo der Saboo in Thätigkeit war, in die Höhe gehoben sein sollen und vor etwa 30 Jahren gleichfalls einen durch das grüne Gebüsch sich schlängelnden Strom ergossen haben, stehen eben so schwarz und schlackig, als an dem Tage, wo sie dem feurigen unterirdischen Heerde entstiegen, auf dem Boden dieses grofsen Kraters da. Zwei spaltenartige Einschnitte in die Wände des letzteren gewährten seinen Lavenströmen einen Ausgang. — So bestimmt aber Harris nach seinen eigenen Beobachtungen und den Mittheilungen der Eingeborenen die Ansicht aussprach, dafs noch zu Menschengedenken Revolutionen vulcanischer Art im südlichen Shoa stattgefunden haben, wobei besonders die erwähnten Vulcane betheiligt waren, so scheint doch von dem dritten grofsen Vulcan dieser Gegenden, dem Fantáli [1]), nicht dasselbe zu gelten, da dieser, wie die Landesbewohner einstimmig behaupteten, niemals Rauch ausgestofsen habe [2]), so weit sich die jetzige Generation erinnern könnte. Gleiches scheint endlich von dem zu derselben vulcanischen Gruppe gehörenden und an der Gränze des Mentschardistricts fast senkrecht aufsteigenden Jujjuba Kullaberge zu gelten, weil Harris [3]) von neueren Eruptionen desselben nichts Bestimmtes mittheilt. Es enthält aber der Jujjuba Kulla einen kreisförmigen, angeblich unergründlichen und von grauen,

---

[1]) III, 228 und 229. Der Fantalikrater liegt nach Harris Charte NNO. vom Saboo in nur geringer Entfernung davon. Ein von hohen Wällen schwarzer Laven gebildeter Graben führt bis zu dessen Fufse. Der Aberglaube der Landesbewohner knüpft an diesen Krater eben solche Märchen, wie an den Zambi in Angola, indem auch er für einen Wohnsitz von Dämonen und Geistern gehalten wird.

[2]) Ebendort III, 229.

[3]) Ebendort III, 261—265.

bis 200 Fufs über dem Wasserspiegel sich erhebenden, durch Spalten aufgesprengten Felsenmauern eingeschlossenen See, dessen Durchmesser nur etwa 60 Fufs betragen soll und der, wie Harris bereits andeutet, nichts als ein Wasserbecken in einem grofsen Krater ist. Bei den Landesbewohnern ist der See unter dem Namen Bourschutta weit berühmt, und Harris Schilderung desselben erinnert ganz an den Character der einsamen vulcanischen Seen in unserer Eifel. Zu ihm führt ein einziger Pfad in einer tiefen Schlucht mit unersteiglichen Wänden, welche kaum dem Körper eines Elephanten Raum gewährt. Ungeheure Blöcke eines kohlschwarzen Gesteins, welches theilweise auch eine Art Bekleidung (revetment) des Randes des Sees bildet, erschweren in der Schlucht noch mehr den Zugang zu letzterem. Die Schlucht scheint übrigens, gleich den beiden am Winzegoorkrater, ganz die Natur der von Leop. von Buch an den Calderas der Canarischen Inseln so häufig beobachteten Aufbruchsspalten, den sogenannten Barrancos zu haben, und sie entstand muthmafslich gleichzeitig mit den Lavagängen, die wie bei anderen neueren Vulcanen die Kraterwände durchziehen und sich namentlich hier durch eine hochrothe Farbe (vermillon) kenntlich machen. Das Gestein der Wände erscheint durch Tausende von Höhlungen und Rissen löchrig, gleich einem Honigkuchen. Ueber die petrographische Natur desselben, wie überhaupt über die der Laven im südlichen Shoa wissen wir gar nichts, da in Harris Werke, dem einzigen, welches über die Existenz der vulcanischen Phänomene am Saboo, Fantali, Winzegoor und Jujjuba Kulla Kunde gibt, nicht das Mindeste darüber enthalten ist [1]),

[1]) Vulcanische Seen scheint es übrigens mehrere im südlichsten Shoa zu geben, da Harris (III, 264) in der Nähe des oben erwähnten noch einen anderen unter dem Namen des Wulawulasees kennen lernte, der ihm sehr ähnlich sein soll, in-

und weil selbst Rochet, der wenigstens bis in die Nähe dieser Gegend gelangte und Thermen bei Medina beschrieb [1]), gegen seine Gewohnheit davon schweigt. — Nordöstlich der eben beschriebenen, schon auf der linken Seite des Hawash gelegenen und ausgezeichnet vulcanischen Gegend gibt es noch auf derselben Seite des Flusses, aber mehr abwärts, eine zweite ähnliche, die erloschene Kratere und mächtige Lavenfelder enthält, vorzugsweise aber dadurch bemerkenswerth ist, dafs sie angeblich einen noch nicht ganz erloschenen Vulcan enthält, der wegen seiner Rauchemanationen bei den Arabisch redenden Eingeborenen den Namen Rauchberg (Dschebel Dufán oder Dukhán) führt [2]). Unzweifelhaft sind die aus dem Schlotte desselben beständig aufsteigenden Rauchwolken, gleich denen am Mouloundou Zambi, Schwefeldämpfe, in dem nach Rochet Schwefelmassen in den schönsten Farbennuançen vom hellsten Gelb bis zum Rothen (von Arsenik oder Selen herrührend?) die Wände des aus theilweise zersetztem Trachyt bestehenden Kraters bedecken. Der Fülle

---

dem er genau, wie der Bourschuttasee, in einer so tiefen schachtartigen Aushöhlung eines Berges auftritt, dafs der Berichterstatter beide Seen figürlich Brunnen (wells) nannte.

[1]) Sec. Voy. 265.

[2]) Pr. Voy. 263. Es wäre übrigens nicht richtig, aus dem Vorkommen des Namen Dschebel Dukhán bei einem Berge sofort auch die vulcanische Natur des letzteren oder gar das Stattfinden von Rauchemissionen zu vermuthen, indem der Name zuweilen von ganz anderen Veranlassungen herrührt. So erhielt z. B. der gleich benannte mächtige Porphyrstock in Ober Egypten den seinigen davon, dafs in ihm Bergbau einst getrieben wurde, wovon noch Spuren von Schmelzöfen Zeugnifs geben (Wilkinson im Journal of the Geogr. Soc. of London. 1832. II. 46 — 47). Ein anderer ähnlich benannter Berg, der Ras (d. h. Spitze) Dukhán bei Tadschourra (Harris I, 33) empfing denselben gar nur deshalb, weil seine Spitze stets mit Nebelwolken umhüllt ist.

des Schwefels wegen an diesem Punkte nennen die Bewohner den Berg auch wohl Dschebel el Kibrit, d. h. Schwefelberg [1]), eine in Arabien und im östlichen Nord Africa gar nicht seltene Bezeichnung schwefelreicher Localitäten, die eben sowohl für Gegenden, wo sich, wie hier im Trachyt, Schwefel durch Sublimation absetzt, als auch für diejenigen Localitäten üblich ist, deren Oberfläche aus geschichteten Gesteinen besteht, und wo der Schwefelabsatz durch einen complicirteren Procefs erfolgt sein mag. Der hiesige Dschebel Dukhán oder Kibrit erhebt sich am Rande einer weiten Ebene gemeinschaftlich mit erloschenen Krateren und mächtigen Lavenfeldern am Rande eines grofsen Trachytgebietes, also unter Verhältnissen, die das Resultat von Rochets Erkundigungen über das Dasein eines nicht völlig erloschenen Kraters in diesen Gegenden zu bestätigen scheinen. Auch Dufrénoy ist nicht abgeneigt, Rochet Glauben beizumessen, und er vergleicht schon den Rauchberg mit den Solfataren Pouzzuolis [2]). Ist diefs richtig, so gewinnen wir durch diese Schwefelmassen im Schlunde eines trachytischen Kraters eine abermalige Stütze für die frühere vorgetragene Ansicht, dafs der Mouloundou Zambi Angolas gleichfalls ein Trachytkegel ist, und dafs trachytische Massen nicht unbedeutend in den Zairelädern verbreitet sein dürften. So interessant aber auch Rochets Mittheilung über die Fortdauer der vulcanischen Thätigkeit am Dschebel Dufán ist, bleibt es doch bei der günstigen Lage des Berges an den grofsen, von der Küste in das Innere Shoas führenden Handelsstrafse immer auffallend, dafs diese Phänomene durch keinen der ziemlich zahlreichen Forscher in jenen Gegenden positiv bestätigt wurden, und dafs nur Gerüchte, theilweise sogar sehr unsicherer Art, über die Fortdauer der vulcanischen Thätigkeit in je-

[1]) Rochet Pr. Voy. 322. Der Name rührt von den Arabischen Worten Dschebel (Berg) und Kibrit (Schwefel) her.

[2]) Comptes rendus de l'Acad. de Paris 1841. XII, 926.

ner Gegend durch die Mittheilungen der Landesbewohner in einigen Reiseberichten Platz fanden [1]). So erwähnt Johnston einen angeblich noch in neuerer Zeit thätig gewesenen, sehr kleinen Vulcan ohne Namen an der grofsen Strafse nach Shoa, der den Eingeborenen in Uebereinstimmung mit Arabischen Sagen, wie der Reisende ausdrücklich berichtet, als Aufenthaltsort dorthin verbannter unruhiger Geister gilt [2]) und der, obwohl Johnston seine Lage nicht genauer angibt, doch wahrscheinlich nichts, als Rochets Dschebel Dukhán ist. Nach Johnston nennen die dortigen Landesbewohner, die Adáls, den Berg einen Geisterberg (Dschebel Dschán), was wiederum an den Monte das Almas in Angola erinnert. — Möglich endlich, dafs eine neuere vulcanische Thätigkeit sich selbst noch weiter und zwar auf dem rechten Ufer des Hawash verbreitete, und dafs namentlich ein Theil des nicht in bedeutender Entfernung NO. vom Dschebel Dofán gelegenen unermefslichen Lavenfeldes von Dabita nur eine Production der Vulcane aus neuester Zeit wäre. Freilich existiren hierüber bestimmte historische Data nicht, doch bleibt immer eine von Harris durch einen gewissen Ibrahim Shehem Abli erhaltene und ihm sogar durch einen Eid bekräftigte Versicherung, dafs derselbe noch vor etwa 12 Jahren (also um das Jahr 1828) den grofsen Krater von Dabita

---

[1]) Höchst wahrscheinlich ist die bei Harris erwähnte sehr reiche Schwefelablagerung der Vulcane des Mentschardistricts von Shoa, welche einen Theil des geringen im Lande gebrauchten Schwefelquantums liefert (II, 401), gleich der am Dschebel Dukhán, auf vulcanischem Wege durch Sublimation in einer Solfatara entstanden, und nicht unmöglich wäre selbst dort das Anstehen trachytischer Massen zu vermuthen, ferner dafs auch die vulcanischen Kegel jenes Districts aus Trachyt bestehen, endlich dafs selbst die dortigen Lavenströme die Natur derer besitzen, die wir am Arso auf Ischia, an der Solfatara von Puzzuoli und zu Daffare und Aroieta als trachytische kennen gelernt haben.

[2]) I, 42.

in Flammen gesehen habe, bemerkenswerth. Freilich ist dabei nicht unbeachtet zu lassen, dafs derselbe Reisende die Bemerkung hinzufügt, weitere Nachforschungen hätten ihm die Vermuthung, dafs Shehem Ablis Feuer nur ein Grasbrand gewesen sein möge, erweckt [1]. Späteren Forschungen mufs es überlassen bleiben zu ermitteln, in wie fern selbst das von den Missionaren Isenberg und Krapf in derselben Gegend beobachtete grofse Feuer ein künstliches oder vulcanisches gewesen war, wenn auch Johnston geneigt scheint, dasselbe ebenfalls mit feurigen Processen im Erdinneren in Verbindung zu bringen [2]. Auffallend bleibt nämlich dabei Kirks ausdrückliche Versicherung [3], dafs keine Tradition der in der Nähe des Hawash und Abidas wohnenden Volksstämme von einer neueren Thätigkeit der dortigen Kratere das Mindeste wisse, und dafs Johnston selbst, obgleich er Gelegenheit hatte ein Stück so reinen Schwefels aus der Gegend von Azboti links vom Hawash und aus der Nähe des letzteren mitzu-

---

[1] I, 261.

[2] I, 347, wo der Reisende das, schon in I, 42 seines Werks mitgetheilte Mährchen der Eingeborenen von den Geistern, welche in der erwähnten vulcanischen Gegend wohnen sollen, wiederholt. Bei der Gelegenheit erfahren wir auch durch Johnston, dafs noch jetzt am Dukhan sich häufig ein unterirdisches Getöse, ähnlich dem bei vulcanischen Phänomenen, hören lasse, und dafs die auf einem ausgedehnten Lavenfelde auftretenden erloschenen kleinen Vulcane eine Höhe von nur 20 — 50 Fufs haben, obgleich jeder einzelne derselben einen vollkommen ausgebildeten, wenn auch fast stets gegen Süd Osten zu ausgebrochenen Krater hat. Johnstons Schilderung dieser kleinen Kratere erinnert übrigens lebhaft an die Hornitos der vulcanischen Ebene am Fufse des Jorullo in Mexico, deren Kenntnifs wir bekanntlich zuerst Humboldt verdankten und deren Existenz in neuerer Zeit wiederum durch Schleiden beobachtet wurde.

[3] A. a. O. XII, 232.

bringen [1]), dafs es ohne weitere Läuterung von ihm sofort zur Schiefspulverdarstellung gebraucht werden konnte, im Allgemeinen angibt, dafs sich derselbe als Sublimationsproduct in Spalten nur eines erloschenen Vulcans finde [2]).

Wird es aber aus der Uebereinstimmung in der Natur der Nord Abyssinischen Gesteinmassen mit denen im gröfseren Theile Shoas und des Adállandes, ferner aus der fast ununterbrochenen Reihe von Kratercn und vulcanischen Massen, die sich in einem Zuge von Massowah bis Gondar, und ebenso in einem zweiten südlichen von Tadschourra bis zum oberen Nil verfolgen lassen, sehr wahrscheinlich, dafs beide Züge noch durch Zwischenglieder in unmittelbarer Verbindung stehen, und dafs sie muthmafslich sämmtlich nur als einem einzigen ungeheuren Heerde feuriger Thätigkeit entsprungene vulcanische Productionen gelten können, so fehlt es doch bei unserer äufserst geringen Kenntnifs dieses Theils des Continents zu sehr an bestimmten Thatsachen, um diese Vermuthung auch fester

---

1) II, 261.

2) Bemerkenswerth ist hierbei noch, dafs auch der Missionar Krapf auf seinem Zuge von Tadschourra nach Shoa eine Localität am Hawash unter dem Namen Dufán aufführt, dafs er aber nichts von einer dort thätigen Solfatara oder gar einem brennenden Vulcane erfahren zu haben scheint, indem er wenigstens nichts darüber berichtet (Isenberg und Krapf J. 54). Gleicherweise scheint Harris von einem Zusammenhange der auf der Charte zu seinem Reisewerke in die Nähe von Azboti und in eine Sullda genannte Localität versetzten sehr reichen Schwefelgruben, (sie dürften dieselben sein, die der Reisende nur sehr oberflächlich im Werke selbst an der Westgränze des Adállandes erwähnt und die er, wie zu vermuthen ist, einzig durch Hörensagen kennen lernte (II, 401)), mit den von ihm erkundeten neuern vulcanischen Phänomenen jener Gegenden nichts zu wissen, so dafs Rochets so bestimmte Angabe von der Existenz einer fortwährend thätigen Solfatara am Dofán immer noch weiterer Bestätigungen bedarf.

zu begründen. Nur sehr vereinzelte, in neuerer Zeit besonders durch Krapf in Ost Abyssinien beobachtete Thatsachen, so wie die eigenthümliche, auf Wasseransammlungen in Krateren hinweisende Gestalt der zahlreichen und grofsen, zugleich mit wirklichen Krateren im Osten und Nord Osten Shoas und selbst im östlichen Theile des eigentlichen Abyssiniens auftretenden Seen machen das Vorkommen der vulcanischen Producte in den zwischen den beiden angedeuteten Zügen liegenden Landschaften im höchsten Grade wahrscheinlich. So wird namentlich schon vom Alobarsee (Bahr Alo), der in dem zu Shoa gehörenden District Gedem liegt, erwähnt, dafs derselbe an seinen Rändern von vulcanischen Massen begleitet wird, und die Tradition der dortigen Landesbewohner läfst ihn sogar durch ein Ereignifs, wie das, welches Sodom und Gomorrha zerstörte, entstehen [1]. — Nächst diesem und einigen anderen kleineren Seen erscheinen in jenen Gegenden noch der grofse Achanguisee in der Landschaft Lasta [2], und der gröfste von allen, der theilweise durch hohe steile Felsen umgebene Haik in der Landschaft Yedschou [3] in einer Weise, die vermuthen läfst, dafs auch sie nur Wasseransammlungen in erloschenen Krateren sind [4]. Dafs Rüppell diese Ansicht selbst für den gewaltigen Tzana oder Dembeasee aussprach, war be-

---

[1]) Isenberg and Krapf Journals 310.

[2]) Lefebvre voyage II, 124, wo erwähnt wird, dafs alles darauf hinweise, dafs auch dieser See durch einen vulcanischen Einsturz entstanden sein möge. Die ihn umgebenden Berge, deren Schichten theilweise senkrecht stehen, erschienen dem Reisenden sogar umgestürzt.

[3]) Isenberg and Krapf 405 und Lefebvre II, 175—177.

[4]) Doch darf nicht unbeachtet bleiben, dafs Krapf in der Nähe des Haik weder selbst vulcanische Spuren antraf, noch dafs er davon Kunde erhielt (407).

reits im Vorangegangenen erwähnt, und sie dürfte möglicher Weise sogar für den dem Dembea, an Gröfse, wie es scheint, nicht nachstehenden [1]) Zui oder Zouaiesee in Gurague gültig sein, da die Sage der Einwohner gleichfalls von diesem eine Bildung durch plötzlichen Einsturz und unter lautem unterirdischen Getöse, wobei selbst Sterne aus der Erde geschossen sein sollen [2]), annimmt [3]).

Ob es noch weiter im Süden gegen den Aequator zu vulcanische Gebilde gibt und diese vielleicht mit den Spuren vulcanischer Thätigkeit an N'yassi in Verbindung stehen, ist noch nicht erforscht worden, doch sprechen allerdings manche Gründe dafür. So scheint schon der Name Hurrur (Harrar bei Rochet) des nördlich unmittelbar an

---

[1]) Der See soll einen Durchmesser von etwa 15 Englischen Meilen im Umfang haben (Johnston II, 361).

[2]) Johnston (a. a. O.) ist sehr geneigt, die Tradition der Eingeborenen von Gurague über die Bildung des Sees auf vulcanischem Wege für wahrscheinlich zu halten. In der That scheinen die angeblich aus der Erde gekommenen Sterne auf glühende Laven hinzuweisen.

[3]) Ist die Vermuthung gegründet, dafs alle diese Seen sich in Kratermündungen gebildet haben, so dürfte der merkwürdige, unter dem Namen des Melkukuyu bekannte und mit Schwefelhydrogen und Salz geschwängerte Kratersee am Hawash den südlichsten Anfang eines Seenzuges bilden, dessen nördlichste Spitze im Alelbadsee der Taltalebene liegt, indem bereits in der unmittelbaren Nähe des letzteren Sees einer der Alequakratere und die beiden schon erwähnten brennenden Vulcane sich befinden und nördlich davon keine gröfsere Wasseransammlung derselben Art mehr zu existiren scheint. — Bestätigt sich Rüppells Ansicht über die vulcanische Natur des Dembeasees, so wäre es allerdings nicht unstatthaft, auch den Zouaiesee, den freilich noch kein Europäer besucht hat, für einen Kratersee zu erklären, da die mitgetheilten Beobachtungen Rochets, Lefebvres und die von Harris das Vorkommen reichlicher Spuren vulcanischer Thätigkeit bis wenigstens nahe an die Südgränze von Shoa gegen Gurague erweisen.

das vulcanische Adálland, östlich an Guragne gränzenden Landes zu erweisen, dafs auch in diesem deutliche Producte des Vulcanismus vorkommen, in dem ähnliche und unzweifelhaft aus derselben Wurzel gebildete Arabische Namen [1]) noch in anderen Gegenden vorkommen, wo es an Basalten und Schlackenmassen keinesweges fehlt [2]). Ist diefs richtig, so ist wohl mit Grund anzunehmen, dafs die schon erwähnten unter dem Namen Laba Goumbar Bedaw und Bour Medaw an der Küste zwischen Berberah und dem Cap Guardafui vorkommenden schwarzen Berge nur Ausläufer gröfserer, ähnlicher Gebilde im Innern sind, und nicht minder dürfte der von Abbaddie im Reiche Hurrur erkundete schwarze Fels, Namens Nobör [3]) zu der Cathegorie derselben Steinmassen gehören.

Viel umfassender und gewaltiger erscheint aber der vulcanische Procefs, der einst Ost Africa bewegte und umgestaltete, wenn man die Productionen desselben noch über den Rand des Continents hinaus nach den Inseln des Rothen Meeres und zuletzt in Arabien verfolgt. Auf ersteren müssen die vulcanischen Massen bereits früh bekannt gewesen sein, indem der bekannte Periplus des Rothen Meeres ausdrücklich im südlichsten Theile des Arabischen Meerbusens eine verbrannte Insel (ἡ κατακαυμένη νῆσος) anführt [4]), welche durch d'Anville [5]) und im laufenden Jahrhundert durch den bekannten scharfsin-

---

[1]) Nämlich von dem Worte harag (Hebr. harar) es hat gebrannt.

[2]) So erhielt sicherlich das am linken Jordanufer liegende und mit Basalten und vulcanischen Massen erfüllte Land Karrak von solchen Feuerproducten seinen Namen; nicht minder das wesentlich aus Basalt bestehende schwarze Harrudsche Gebirge in Nord Africa (Maltebrun Annales des Voyages. Paris 1829. XXI, 271).

[3]) Bull. de la soc. de Géogr. de France. XVII, 99.

[4]) The voyage of Nearchus by Vincent 85.

[5]) Mémoires sur l'Egypte ancienne et moderne. Paris 1766, 252.

nigen und gelehrten Englischen Forscher Vincent [1]), wie es scheint, mit gutem Grunde für die jetzige Insel Teir (Dschebel Teyr der Araber, d. h. Vogelinsel [2])) erklärt wurde, indem jene verbrannte Insel sicherlich nur deshalb im Periplus eine Erwähnung vor anderen fand, weil sie durch die constante Strömung im Arabischen Meerbusen, welche ihr auf dieselbe Weise die Schiffe im Alterthume zuführte, als es jetzt noch mit den Arabischen Schiffen gegen Dschebel Teir der Fall ist [3]), bekannter als andere geworden war. Wirklich kommt der neuere Name sehr viel häufiger, als ein anderer neuerer irgend einer der vielen Inseln des Rothen Meeres in den Berichten unserer Zeit vor [4]). Da indessen aufser dem Periplus keine Schrift des Alterthums die Insel nennt und der Periplus selbst von Flammen oder Lavenflüssen auf derselben nicht das Mindeste berichtet, so war d'Anville in der That der Erste, der den Vogelberg als einen mitten im Meere auftretenden Vulcan aufführt. Bald nach d'Anville erhielten wir durch Bruce den ersten, aus eigener Anschauung hervorgegangenen Bericht [5]) über die Insel und ihren Vulcan. Nach ihm erhebt sich letzterer auf einer zwischen Massowah und der Arabischen Stadt Loheia gelegenen Insel, welche er unter dem Namen Schiwán oder Sziwán aufführt, als ein von allen Seiten jäh aufsteigender

---

[1]) The voyage of Nearchus 85.

[2]) Vom Arabischen Worte Teyer oder Tir, was Vogel heifst. Dieser Name war übrigens bereits im Alterthume üblich, da auch Ptolemäus, in denselben Gewässern eine Vogelinsel (ὀρνέων νῆσος) aufführt (lib. IV. c. 8).

[3]) Annales maritimes et coloniales. Partie non offic. I, 276.

[4]) Aus diesem Grunde wird es wahrscheinlich, dafs auch die Vogelinsel des Ptolemäus sowohl mit unserem Dschebel Teir, als mit der verbrannten Insel des Periplus identisch ist.

[5]) Travels to discover the sources of the Nile. 5 V. London 1790. I, 339—340.

Berg [1]), der obwohl mitten in der See gelegen und fast erloschen, doch aus seinem Gipfel noch raucht, sogar Feuer ausstöfst, und dieses Rauchs wegen, wie der Reisende ausdrücklich vermerkt, den Namen Dschebel Douchán führt, was in der That auf eine merkwürdige Uebereinstimmung mit der Solfatara am Hawash hinweist. Spätere Beobachter bestätigten diese Angaben und stellten die Fortdauer der vulcanischen Thätigkeit im Arabischen Meerbusen überhaupt aufser Zweifel. Ihnen zufolge erhebt sich nämlich Schiwán, gleich anderen Inseln zwischen der Strafse Bab el Mandeb und Dschidda fast senkrecht aus der Meerestiefe, indem hart an den Rändern dieser Inseln durch Englische Seefahrer [2]) noch in 240 Klafter Tiefe kein Grund gefunden wurde [3]), und es soll der Dschebel Teir so sehr ihre Hauptmasse derselben bilden, dafs die Insel oft nur unter dem Namen des Berges vorkommt und ihr eigentlicher Name den Europäern so unbekannt blieb [4]), dafs er aufser von Bruce nur noch durch Moresby und Russegger erwähnt wird. Dafs aber auf ihr aufser dem Vogelberge noch andere Erhebungen auftreten, erweisen namentlich Moresbys und Elwans Mittheilungen, denen

---

[1]) Nach Moresby und Elwan, die längere Zeit im Auftrage der Britischen Regierung das Rothe Meer untersucht haben, soll die Insel eigentlich Dschebel Sebain, d. h. die Insel ohne Ankergrund heifsen, ein Name, der mit der Tiefe des Meeres an den Küstenrändern der Insel sehr wohl übereinstimmt (Aus der 5ten Ausgabe des bekannten Horsburgh Directory in den Annales maritimes et coloniales. Partie non offic. 1847. I, 93).

[2]) Lieut. Campbell in Jameson Edinburgh New Philosophical Journal. 1838. XXIV, 33.

[3]) Moresby spricht nur von einer 50 — 60 Klafter betragenden Tiefe bei Schiwán selbst.

[4]) Die Peripherie der ganzen Insel soll nur etwa 6 Englische Meilen ausmachen; sie ist nach Moresby kreisförmig.

zufolge sich dort nächst dem bis 900 Fufs über dem Meeresspiegel ansteigenden schönen kegelförmigen Hauptpik noch mehrere Kratere nebst einem Hügelrücken finden. — Nach Bruce wurde Schiwán, wie es scheint, nur äufserst selten durch wissenschaftliche Forscher betreten, so dafs dessen Berichte bis in die neueste Zeit fast die einzigen waren, die uns mit der Natur des Vulcans bekannt machten. Nur Russeggern [1]) verdanken wir einige Nachrichten über Schiwán aus den Mittheilungen eines Französischen Pharmaceuten Achreux, der die Insel im Auftrage Ibrahim Paschas untersucht hatte, als dieser den Krieg in Arabien führte. — Nach Achreux besteht der Dschebel Teir wesentlich aus älteren und neueren vulcanischen, anscheinend geschichteten Tuffen und Lavamassen von unfruchtbarer Oberfläche, theilweise auch aus Bimsstein, wie schon Bruce erwähnt hatte. Die Gesteinmassen um den Berg fand Achreux mehr oder weniger mit Schwefel durchdrungen, ja er glaubte sogar, 7 verschiedene Lagen, die bis 88 Procent dieses Minerals enthalten, unterscheiden zu können. Auf dem Gipfel hat der Dschebel Teir einen Krater, nach Bruce sogar 7 Rauchöffnungen und nach den Berichten anderer Reisenden [2]) angeblich noch mehrere andere Kratere an der Basis des Pics. — Von einer gröfseren neueren Eruption auf der Insel erwähnt jedoch Russegger nach Achreux nichts, wogegen der Französische Naturforscher Botta [3]), der ebenfalls vor wenigen Jahren diese Gegenden besuchte, berichtet, dafs der grofse Vulcan einige Zeit vorher noch einen Rest von Thätigkeit gezeigt habe, und auch der

[1]) Reisen in Europa, Asien, Africa. Stuttgart 1843. II, 1, 54.

[2]) Annales mar. et col. Partie non offic. 1837. I, 92. Russegger sagt nur, dafs der Rauch aus einzelnen Stellen des Berges komme.

[3]) Archives du Musée d'histoire naturelle. Paris 1841. II, 84.

Englische Schiffsarzt Hibbert erfuhr, dafs man denselben noch in den Jahren 1833 und 1834 brennend gesehen habe [1]). Vergleicht man damit endlich die durch Lieut. Barker mitgetheilten Angaben der Eingeborenen, dafs der Vulcan noch vor 50 Jahren gebrannt habe [2]), eine ähnliche ferner eines anonymen Englischen Reisenden [3]), dafs der Dschebel Teir vor etwa 100 Jahren thätig gewesen sei, endlich den Umstand, dafs sogar Commodore Moresby auf seiner Charte den Vogelberg einen noch im Brande stehenden Vulcan nennt, so ist es kaum zweifelhaft, dafs hier fortdauernd eine Verbindung der Oberfläche unseres Erdkörpers mit den vulcanischen Processen im Inneren stattfindet, und es scheint deshalb Lefebvres freilich nicht aus einem persönlichen Besuch Sziwáns hervorgegangene Behauptung [4]), dafs der Vulcan völlig erloschen sei, wenig glaubhaft [5]). Dafs letzterer Angabe schon die Fortdauer der Rauchemanationen widerspricht, und dafs namentlich des Rauchs wegen der Pik heute noch, wie zu Bruces Zeit, bei den Arabern den Namen eines Rauchbergs (Dschebel Dukhân) führt [6]), erweisen sowohl Barkers, als Moresbys Berichte. Der Rauch besteht aber

---

[1]) Jameson Edinburgh New Philosophical Journal. 1838. XXIV, 32.

[2]) Journal of the Geogr. Soc. of London. XVI, 338.

[3]) Derselbe machte unter dem Zeichen H. A. O. seine Beobachtungen im Asiat. Journal 1838 XXVI, 41 bekannt.

[4]) Voy. Relat. hist. I, 29.

[5]) Auch Herr Prof. Ehrenberg theilt mir mit, dafs das Brennen des Dschebel Teir eine den Arabern wohl bekannte Erscheinung sei. Er selbst sah keine Flammen.

[6]) Moresby bemerkt, dafs die Insel sogar unter drei Namen bekannt sei, nämlich unter dem des Dschebel Teir bei den (arabisch redenden?) Indiern, dem des Dschebel Dukhân bei den Arabern von Mascate, endlich als Dschebel Sebain bei den Abyssiniern und übrigen Arabern (a. a. O. 93).

unzweifelhaft, wie der des gleichnamigen Berges in Shoa, aus Schwefeldämpfen, da sowohl die Schwefellager und die Fülle von Schwefel, womit der Boden rund um den Berg durchdrungen ist [1]), als auch besonders die immensen Quantitäten des Minerals, welche nach Hibbert auf dem Gipfel des Piks selbst vorkommen, schwerlich auf anderem Wege, als durch Sublimation aus Schwefeldämpfen entstanden sein können. Schon Bruce erwähnte auf der Spitze des Vulcans eine weifse, wie er sagt, von Schwefel, herrührende Stelle; ob aber aus eigener Anschauung, ist ungewifs, da aus seinen Worten sich nichts Bestimmtes ableiten läfst. Indessen wäre es möglich, dafs der Reisende durch die Färbung der Stelle bei einer Beobachtung aus der Ferne getäuscht wurde, und dafs er eine weifse, durch Zersetzung feldspathreicher Gesteine mittelst schwefelsaurer Dämpfe gebildete Thonablagerung, wie dergleichen an der grofsen Solfatara von Puzzuoli [2]), auf den Griechischen Inseln Polinos bei Santorin [3]) und Milo [4]) und vermuthlich auch auf der sogenannten weifsen Insel bei Neu Seeland [5]), anderer Punkte auf der Erdoberfläche

---

[1]) Nach Moresby dringt der Rauch nicht allein aus einigen Krateren, sondern selbst aus der Oberfläche des Bodens zunächst der Basis des hohen Berges hervor.

[2]) Es ist diefs die weifse Stelle, welche bekanntlich schon Plinius (hist. nat. lib. XVIII, c. 29) als den collis leucogaeus kannte.

[3]) Russegger in Leonhard und Bronn N. Jahrbuch. 1840, 202.

[4]) Sauvage in den Annales des Mines. 4me Ser. 1846. X, 91 u. s. w.

[5]) Cordier in Boué Journal de Géologie. Paris 1830. I, 23. Diese weifse Insel hat nämlich eine Solfatara, rothe Peperite und Ablagerungen von sublimirtem Schwefel. Fumarolen steigen aus ihrem Boden hervor, so dafs unzweifelhaft dieselbe nur von dem durch letztere gebildeten weifsen Thon ihren Namen erhielt.

nicht zu gedenken, vorkommen, getäuscht wurde [1]). Wäre diefs gegründet, so möchte wohl, worauf besonders das Vorkommen der Schwefelmassen und des Bimssteins hinweist, Schiwán wesentlich auch aus Trachyt bestehen [2]). Der Schwefelreichthum der sonst ganz unbewohnten Insel, veranlafst die Araber heute noch, wie zu Bruces Zeit dahin zu kommen [3]) und Schwefel durch Schmelzung darzustellen [4]), doch ist die gewonnene Substanz, wie Russegger erklärt, nur graulich gelb und unrein. Stellenweise mögen sich hier auch gröfsere und reinere Partien des Minerals ausbilden, indem der eben genannte Reisende Stücke davon im gediegenen Zustande erhielt. — Bemerkenswerth ist zuletzt noch Achreux Entdeckung der Borsäure [5]), am Dschebel Teir, weil sich dadurch eine neue Uebereinstimmung des letzteren mit dem bekannten, gleich Sziwán, jäh aus dem Grunde des Meeres aufsteigenden Krater der Insel Volcano ergibt. — So hoch übrigens jetzt der Dschebel Teir ansteigt, so kann seine Hauptmasse unzweifelhaft früher nur submarin gewesen sein, da schon der jähe Absturz Schiwáns und der benachbarten Inseln in die Tiefe auf keinen ruhigen, durch Niederschlag erfolgten Bildungsweg hinweist, und überdiefs Hibberts Beobachtung, dafs in der Nähe der Ostküste des Rothen Meeres sich

---

[1]) Auch Hibbert (S. 32) erklärte den Rauch für Schwefeldampf und verglich ihn mit den Schwefelexhalationen an der Neapolitanischen Solfatara.

[2]) Hibbert (a. a. O.) fand ebenfalls den Dschebel Teir aus jüngeren und älteren vulcanischen Gesteinen bestehend, die stellenweise einen schichtenähnlichen Character haben, als wenn Lagen von Tuff und Lava wechselten.

[3]) Russegger a. a. O. I, 54.

[4]) Nach Botta und Rüppell (Reise in Abyssinien I, 256) soll Mehemed Ali eine Zeitlang die Schwefellager zu seinem Vortheil haben ausbeuten lassen.

[5]) A. a. O. 54.

eine Corallenmasse im 18° N. Breite auf dem Gipfel einer vulcanischen Masse des Arabischen Festlandes bis in 120 Fufs Höhe über dem Meeresspiegel findet, die unmöglich anders als submarin gebildet sein kann, entschieden erweist, dafs Hebungen einst in diesen Gegenden stattgefunden haben [1]). — Die fortdauernde vulcanische Thätigkeit beschränkt sich übrigens im Rothen Meere nach den neuesten Erfahrungen nicht auf den Dschebel Teir, indem vor Kurzem noch ein zweiter Punkt südlicher davon (unter dem 15° 7′ N. B.) mit ganz denselben Erscheinungen gefunden wurde, so dafs in der That Hibberts Meinung, der Vulcan Schiwáns sei der einzige brennende Berg dieser Gegenden sich nicht bestätigt hat. Von der zur Zebairgruppe gehörenden Sattelinsel (Saddle Island) berichtete nämlich Lieut. Barker [2]), dafs sie jetzt noch Schwefeldampf ähnliche Rauchwolken ausstofse, wohl aber noch frühere vulcanische Ausbrüche, als der Dschebel Teir gehabt haben möge, und es gibt übereinstimmend hiermit auch der schon genannte Anonymus H. A. O. an, dafs aus einer der sieben (andere kennen 14) vulcanischen, kegelförmigen und unfruchtbaren Inseln der genannten Gruppe 14 Jahre vor seiner Anwesenheit in diesen Gegenden (das wäre um das Jahr 1824) Flammen hervorgebrochen seien, wovon einige der Mannschaft auf dem Schiffe des Reisenden sogar Zeuge gewesen waren [3]). — Ueber die petrogra-

[1]) Ueber die vulcanische Natur Schiwáns dürfte eine neuere im Jahre 1845 erschienene Schrift von Kirk, des oft genannten Reisenden nach Shoa, die mir leider nicht bekannt ist, weitere Kunde geben.

[2]) A. a. O. XVI, 338.

[3]) Asiat. Journ. XXVI, 41, wo die Gruppe aber irrig die Sabaquieninseln genannt wird. Auffallend ist hierbei, dafs Moresby trotz seines mehrjährigen Aufenthalts im Rothen Meere nichts von dieser fortdauernden vulcanischen Thätigkeit der Sattelinsel erfahren zu haben scheint, indem er darüber schweigt (a. a. O. 91).

phische Beschaffenheit der Sattelinsel und ihrer Nachbarn ist nichts bekannt. Da aber Officiere der Englischen Marine auf einigen Piks der zwischen Arabien und dem Continent von Africa liegenden Inseln grofse Schwefelmassen entdeckt haben und einige Zebairinseln selbst sehr schöne Kratere besitzen [1]), ferner Rochet im südwestlicheren Theile der benachbarten Arabischen Küste bei dem Hafen Ibraim der Insel Perim gegenüber (20° 8′ 40) Obsidiane gesammelt [2]) und endlich Botta auf derselben Küste in Yemen anstehende Trachyte angetroffen hat [3]), so kann mit Grund die Sattelinsel nebst der übrigen Zebairgruppe für trachytisch vulcanische Inseln angesehen werden.

Südlich der eben erwähnten Gruppe erscheinen im Rothen Meere noch verschiedene Inseln, die nicht mehr thätige Vulcane enthalten, sich aber doch durch ihre Kratere und ihre Gesteine als Schauplätze einer einstigen bedeutenden vulcanischen Thätigkeit kund geben. Diefs gilt unter anderen von den Ziggerinseln (Dschebel Zoogur bei Moresby), die deutliche Kratere und an ihren Abhängen vulcanische Ströme darbieten [4]), aufserdem aber gleich den in derselben Gegend gelegenen vulcanischen Harnischinseln durch eine düstere, unfruchtbare Oberfläche kenntlich sind [5]). Ebenso werden durch Moresbys Charte und die Erläuterungen dazu mehrere Inseln zwischen den Ziggerinseln und der Küste Ost Africas als vulcanisch bezeichnet [6]), wie z. B. die Inseln Abbelat (Dschebel Abbelat), Coordomeat (Dschezerat Coordemeat) und die-

---

[1]) Eine derselben führt namentlich den Namen Bassininsel wegen ihres ausgezeichnet ausgebildeten Kraterbeckens. Hibbert 32.

[2]) Sec. Voy. 336.

[3]) Archives II, 84.

[4]) Asiatic Journal XXVI, 40.

[5]) Moresby 80.

[6]) Ebendort 80.

jenigen, welche zwischen den Dschebel Zoogur und dem ostafricanischen Ras (Vorgebirge) Beilûl liegen. Von letzteren sollen sich grade die gröfseren durch deutliche Kraterreste auszeichnen; sie waren muthmafslich einst hohe Kegelberge, die später durch Erschütterungen von Innen aus ihre jetzige beckenförmige Gestalt erhielten). Abermals südlicher treffen wir in der Strafse Bâb el Mandeb die zerrissenen und braunen Bruderinseln [1]) und die Insel Perim als einstig vulcanische. Von letzterer sah nämlich Botta Schlacken bringen [2]) und Rochet nennt sie ausdrücklich vulcanisch [3]). — Nördlich der Zebayrgruppe fehlen dergleichen Inseln eben so wenig. So trägt die noch zu ihr gehörige Insel Zaba (NW. vom Dschebel Zebayr) zwei Berge mit Krateren, und es ist der Sand an ihrem Strande schwarz, muthmafslich durch seinen aus zersetzten Trachyten und Basalten entsprungenen Eisengehalt [4]). Nicht minder fanden Ehrenberg und Rochet die nahe der Abyssinischen Küste unfern Massowah gelegene grofse Huakel (Salts Howakil) und die Norainsel aus vulcanischem Gestein bestehend [5]). Aber besonders bestimmt gehört hierher die östlicher an der Arabischen Küste zwischen Confudda und Loheia gelegene und durch Moresby und Ehrenberg besuchte Insel Ketumbul, auf welcher der Erste vulcanische Massen, doch ohne Vulcan und ohne Spur, dafs hier in neuerer Zeit eine Eruption stattgefunden habe, wahrnahm. Auch Ehrenberg überzeugte sich von der Existenz vulcanischer erloschener

---

[1]) Cap. Haines im Journ of the Geogr. Soc. of Lond. IX, 1, 127; Asiat. Journ. 34; Moresby 71. Namentlich die westlichste der Bruderinseln hält Haines entschieden für vulcanisch.

[2]) Archives du Museum II, 84.

[3]) Sec. Voy. 331.

[4]) Moresby 91.

[5]) Ehrenberg Abhandlungen der Berliner Academie der Wissenschaften. Phys. Cl. 1827, 83. Rochet Sec. Voy. 331.

Auswurfskegel und von Lavenmassen [1]) auf Kelumbul und es geben in der That die von diesem Forscher dort gesammelten und nach Berlin gebrachten Schlackenmassen, die ich zu untersuchen Gelegenheit hatte, den ausgezeichnetsten Producten aus der Auvergne nichts nach.

An alle diese Beobachtungen und Mittheilungen reihen sich nun die interessanten Angaben über neuere vulcanische Phänomene auf der Westseite Arabiens an, welche Reiske, Seetzen, Burkhardt, Rödiger, Quatremère aus zum Theil älteren Arabischen Historikern gesammelt haben, und von denen Ritter bereits die meisten in seiner überaus lehrreichen Darstellung der vulcanischen Phänomene in West und Süd Arabien gesammelt hat [2]), obwohl ihm grade die am frühesten durch Reiske bereits im Jahre 1771 bekannt gewordene Nachricht [3]) entgangen war. Aus allem ergibt sich jetzt mit Bestimmtheit, dafs auch die Arabische Halbinsel auf ihrer Westseite von Medina im Norden bis nach Adén im Süden und dann an ihrem Südrande von Adén bis Hadramaut stellenweise noch im Mittelalter der Schauplatz einer höchst grofsartigen vulcanischen Thätigkeit war, die noch immer nicht gänzlich erloschen sein dürfte, da zahlreiche Thermalquellen und Flammen-, ja vielleicht selbst Lavenausbrüche dafür zu sprechen scheinen. Die erste bestimmte Nachricht über grofse vulcanische Ausbrüche auf der Westküste Arabiens, die namentlich Medina verheerten, erhielten wir in dem eben erwähnten, durch Reiske publicirten Excerpt aus dem Werke eines neueren, dem Beginne des 17ten Jahrhunderts erst angehörenden Arabischen Autors Marai mit Namen, dem zufolge im Jahre 1254 unserer Zeitrechnung ein, wie der-

---

[1]) Ebendort 83.

[2]) Erdkunde XII, 677—683; XIII, 165—169 u. s. w.

[3]) Büschings Magazin für die neue Historie und Geographie. Hamburg 1771. V, 401 und 409.

selbe sagt, bekanntes Feuer erschien, welches die Berge dergestalt erleuchtete, als ob sie klares Feuer wären. Funken seien dabei so hoch und dick umher geflogen, dafs man sie mit grofsen Schlössern verglich; doch scheint Marai von Lavenergüssen in seinen Quellen nichts gefunden zu haben, da er dergleichen nicht anführt. Jedenfalls war das Phänomen ein sehr intensives, da es einen ganzen Monat gedauert haben soll. — Schilderungen anderer älterer, in neuerer Zeit erst bekannt wordener Arabischen Schriftsteller bestätigten diese Angaben vollständig, und so erfuhren wir namentlich in den letzteren Jahren aus Macrizis grofser, von Quatremère übersetzten Geschichte der Mammelukkensultane in Egypten [1]), dafs in dem genannten Jahre 1254 ein feuriger Strom im Gebiete des Thals von Schadâ östlich Medina ebenfalls einen Monat lang sichtbar gewesen sei, der alle Thäler der Nachbarschaft ausfüllte. Geschmolzene Steine, welchen noch dunkle Kohlen folgten, gingen daraus zugleich mit Flammen, die Steine verzehrten, hervor. Fünf Tage vor Erscheinen des Stroms, der nach Macrizi mit einer Länge von 4 Meilen (milles) und 1½ Toisen Dicke in einer Spalte des eben erwähnten Thals sichtbar wurde und dasselbe so absperrte, dafs wie der Autor nach einem anderen Arabischen Berichterstatter Aboulmahâfen hinzufügt (S. 61), ein Bach im Thale zu fliefsen aufhören mufste, hörte man bereits ein Schrecken erregendes Getöse, das weder am Tage, noch in der Nacht aufhörte und bis zum Ausbruche der Lava selbst anhielt. Es zeigte sich zugleich ein so helles Licht, dafs die Häuser der Stadt wie künstlich erleuchtet erschienen, und dafs man dasselbe nach Angabe der Bewohner der Gegend bis Mekka, ja sogar noch zu Bosra in Syrien gesehen habe. Letztere Behauptung erscheint übertrieben, wogegen die

---

[1]) Histoire des Sultans Mamlouks de l'Égypte trad. par Quatremère. Paris 1837. I, 61—62.

andere, dafs die Erderschütterung, welche dem Lavenergusse voranging, 5 Tage lang hindurch die Gegend bewegte, gegründet sein mag [1]). In neuerer Zeit gelang es noch dem verdienten Deutschen Reisenden Burkhardt zu Cairo in einer bis dahin unbekannt gebliebenen Chronik Medinas eine höchst interessante und ziemlich ausführliche Nachricht über den in Rede stehenden gewaltigen Lavenausbruch zu finden [2]). Burkhardts eigene Beobachtun-

---

[1]) Macricis Darstellung des Ereignisses von Medina leidet an einiger Verworrenheit, indem er zuvörderst von einem Feuer, das alle Thäler in der Nachbarschaft Medinas erfüllte, und dann noch von einem Lavenstrom spricht, welcher bei diesem Ereignisse aus der geöffneten Erde emporgestiegen sei. Unzweifelhaft sind beide Phänomene identisch, und ich habe sie deshalb auch als ein und dasselbe zusammengefafst.

[2]) Diese Mittheilung bei Burkhardt (Travels in Arabia. London 1829, 351 und 359–361) ist äufserst interessant und noch vollständiger, als die Macrizis, dessen Darstellung sich freilich wesentlich auch auf die Samhoudys, des Berichterstatters bei Burkhardt, dessen Werk selbst in Arabien so selten ist, dafs Burkhardt kein einziges Exemplar davon in Arabien vorfand, gründet. Auch nach Samhoudy gingen dem Lavenausbruche Erschütterungen voraus, und man hörte am Tage des Phänomens des Morgens ein Donner ähnliches Getös, worauf Feuer aus der Erde trat und so viel Rauch aufstieg, dafs der Himmel vollständig verfinstert wurde. Aus einer gewaltigen Flammenmasse, die sich bis zum Himmel erhob, entwickelte sich unter donnerähnlichem Getöse ein Strom rothen und blauen Feuers (wohl von Lava), dessen Wogen, wie der Autor berichtet, Felsen vor sich weg schob, die sich weiterhin wieder in hohen Massen aufthürmten. Zuletzt stockte der Strom, wie auch Macrizi berichtet, an einem Hügel in der Nähe des aus Granit (Burkhardt 366) und nicht aus Lava bestehenden, benachbarten Berges Ohed. Gleichfalls nach Samhoudy, war der Lavastrom 8—9 Fufs stark, 12 Meilen (Engl.?) oder 4 Parasangen (Farsaks) lang und 4 M. breit, und er entwikkelte auf seinem Wege eine so bedeutende Hitze, dafs Niemand sich ihm nahen konnte, und dafs angeblich selbst Felsen auf

gen zu Medina, wie die fast um dieselbe Zeit stattgefundenen Seetzens [1]) bestätigen die Richtigkeit der Berichte dadurch, dafs beide Reisende wirklich in der nächsten Umgebung der Stadt eine ausgedehnte und mächtige, zum Theil poröse Lavenbildung antrafen [2]). Das Vorkommen

---

seinem Wege von ihm geschmolzen wurden. Fünf Tage lang sah man aus demselben Flammen aufsteigen und ihn 3 ganze Monat hindurch glühen. Sogar Samhoudy versichert, dafs man die Feuererscheinungen bis Mecka und Yambo wahrgenommen habe, und es besangen Dichter das gewaltige Ereignifs mit der Behauptung, dafs damals ein Feuermeer erschienen sei, auf dessen Oberfläche Hügel, die früher tief in der Erde wurzelten, gleich Schiffen geschwommen hätten. — Kurz vor Burkhardt traf auch sein Zeitgenosse Seetzen (von Zachs Monatliche Correspondenzen XXVII, 164) in einer, wie er sagt, schätzbaren Geschichte und Topographie Medinas ausführliche Nachrichten über neuere vulcanische Erscheinungen in Hedschas und namentlich bei Medina, wo sich dergleichen sogar mehrere Male wiederholt zu haben scheinen. Ob Seetzens Geschichte Medinas mit der von Burkhardt erhaltenen identisch ist, ist aus den Anführungen beider Reisenden nicht genau ersichtlich, doch nach den in beiden Auszügen mitgetheilten Notizen nicht grade unwahrscheinlich. Schon Seetzen wies auf die merkwürdige, und, wie er ausdrücklich sagt, aller Aufmerksamkeit würdige Verbindung der Erdbeben mit vulcanischen Eruptionen in der Umgegend Medinas hin.

[1]) A. a. O. XXVII, 164. Burkhardts und Seetzens Beobachtungen über die vulcanischen Massen in der nächsten Umgebung Medinas sind leider sehr kurz und unvollständig, da beide Reisenden es nicht wagen durften, bei dem Mifstrauen der Araber ihren Forschungen eine gröfsere Gründlichkeit zu geben.

[2]) Aboulmahâsen berichtet in dieser Hinsicht nach Mittheilungen eines Augenzeugen des Phänomens, dafs eine Ebene, welche die Pilger bei Medina zu passiren hätten, durch die ausgebrochene Lava des Jahres 1254 ganz ungangbar geworden sei. Der Autor gibt dem Lavenfelde den nach der Etymologie sehr bezeichnenden und vorhin schon (330) erklärten Namen Harrah,

solcher Massen (und zugleich einer Thermalquelle) finden wir endlich in neuester Zeit wiederum durch einen Französischen Reisenden Prax bestätigt, dessen geognostische Beobachtungen leider noch nicht publicirt worden sind, die aber unzweifelhaft bei den günstigen Verhältnissen, in welchen derselbe die Umgegend Medinas untersuchen konnte, eine Veröffentlichung sehr verdienen würden [1]. Auch ein anderer neuerer Naturforscher Botta, der aber in Medina nicht selbst war, erfuhr von der Existenz eines Vulcans bei diesem Ort [2].

Südlich Medina fehlt es eben so wenig an bestimmten Spuren einer früheren vulcanischen Thätigkeit in dem Küstenstriche Arabiens, und namentlich verdanken wir Seetzen eine genauere Kenntnifs derselben, zu denen in neuerer Zeit Ehrenberg und Rochet einige Beobachtungen hinzufügten, die in so fern von besonderem Interesse sind, als sich dadurch eine zusammenhängende Verbindung der vulcanischen Productionen bei Medina mit den südlicheren in Yemen zu ergeben scheint. Ehrenberg fand nämlich bei einem flüchtigen Besuche der Küste gegenüber

---

womit Seetzens Mittheilung aus seinem Arabischen Schriftsteller (a. a. O. XXVII, 165), dafs eine Localität bei Medina der Feuerausbrüche wegen, die man mehrere Tagereisen weit habe sehen können, den Namen Harret el Nâr führe, ganz wohl übereinstimmt. In Beziehung auf diese und ähnliche, von harar abgeleitete Namen dürfte allerdings der ausgezeichnete Französische Orientalist Reinaud mit Grund behaupten, dafs dergleichen nicht selten Localitäten in Arabien beigelegt werden, die sich durch Anhäufungen schwarzer plutonischer oder vulcanischer Gesteine, ja, wie man hinzusetzen kann, durch vulcanische Ausbrüche in historischer Zeit auszeichnen (Ritter's Erdkunde XIII, 169 aus Reinauds Uebersetzung des Aboulfeda).

[1]) Bull. de la soc. de Geogr. de France 1841. XV, 148.

[2]) Archives du Museum d'hist nat. II, 84.

der vulcanischen Insel Ketumbul erloschene Auswurfskegel und Laven in sehr bedeutendem Umfange an einem El Wussem genannten Punkte des hohen Assirgebirges [1]) und in Bestätigung dieser allen späteren Reisenden unbekannt gebliebenen Notiz führt Rochet an [2]), dafs er den zwischen Confudda und Dschezân liegenden Theil der Westküste und selbst den südlichsten derselben zwischen Mocka und Adén mit Vulcanen erfüllt gefunden habe. So sah gleichfalls Seetzen an verschiedenen Stellen Yemens, namentlich in der Umgebung der Orte Doffâr [3]) und Dorân [4]), dann zwischen Dorân und Sanaa, der Hauptstadt Yemens, beträchtliche Massen von schwarzem Pechstein, schwarze poröse Gesteine nebst Trapp und Basalten, so wie nochmals zwischen Dorân und Sanaa beim Dorfe Hedschas einen aus einer schwarzen, sehr porösen Steinart bestehenden Felsboden. Diefs poröse Gestein dient dort, wie bei Sanaa selbst, wo es auch vorkommt, gewöhnlich als Baustein [5]). Unzweifelhaft richtig erklärte der Reisende dergleichen poröse, in neuester Zeit noch durch den Englischen Schiffslieutenant Cruttenden gemeinschaftlich mit Dr. Hulton im Innern Yemens [6]) zugleich mit Schlacken in grofsen Massen angetroffene Gebilde für Lava. — Aber viel früher bereits erwiesen Niebuhrs Mittheilungen über den Reichthum der Hirrânberge Yemens an rothem Carneol bei Damar [7]), so wie dessen Erwähnung des Vorkommens der Onyxe auf dem Wege von Teäs nach Sanaa [8]),

---

[1]) Abhandlungen der Berliner Acad. der Wissenschaften. 1827. Phys. Cl. 83.

[2]) Sec. Voy. 331.

[3]) A. a. O. XXVIII, 227 und 228.

[4]) Ebendort XXVII, 180.

[5]) XXVII, 180.

[6]) Journ. of the Geogr. Soc. of London VIII, 280.

[7]) Reisebeschreibung nach Arabien. Koppenhagen 1774, I, 408.

[8]) Beschreibung von Arabien. 142.

dafs Mandelsteinablagerungen und somit auch Beweise einstiger vulcanischer Thätigkeit dem südwestlichen Arabien nicht fehlen, was in Bezug auf die Mandelsteine zuletzt noch durch Seetzens Beobachtungen über das Auftreten solcher Gesteine mit Kieselmandeln an verschiedenen Stellen Yemens und bei Adén [1]) völlig bestätigt wurde.

Durch die ausgedehnte Verbreitung dieser Laven, Trappe und Mandelsteine zeigt aber der südwestlichste Theil von Arabien eine bemerkenswerthe Uebereinstimmung mit dem nordwestlichsten Theile von Abyssinien, mit den Stormbergen und den übrigen östlichen Rändern des südafricanischen Hochlandes, so wie mit den bereits angeführten vulcanischen oder auch plutonischen Verhältnissen des vorderen Indiens. Im nordwestlichsten, Arabien nächsten Theile des letzteren Landes finden sich namentlich ähnliche ausgedehnte Mandelsteinmassen, wie hier, deren Kieselmandeln schon im Alterthum nach den Berichten des Periplus durch Schönheit ihrer Färbung einen ansehnlichen Handelsartikel abgaben [2]). Es scheint hiernach, dafs selbst Indien in dasselbe unermefsliche Gebiet vulcanischer Massen gezogen werden mufs, das wir über Ost Africa und Arabien glaubten ausdehnen zu können.

Nächst diesen wesentlich basaltischen Gesteinmassen, zu denen noch die Basalte zu rechnen wären, welche Botta und Cruttenden in Yemen antrafen [3]), erscheinen im westlichsten Theile Arabiens andere vulcanische Gebilde von abweichender Beschaffenheit, namentlich trachytische. So überzeugte sich Rochet durch eigene Beobachtung von der Verbreitung des Trachyts in dem ganzen Küstenstriche

---

[1]) v. Zach XXVIII, 229, 232.

[2]) The voyage of Nearchus by Vincent 102 und die neueren Untersuchungen über die schönen Mandelsteine von Baroach am Nerbudda nach Copland (Transactions of the Bombay Soc. II, 289.)

[3]) Archives du Museum d'hist. nat. II, 84. Journal VIII, 277, 278.

von Confudda nördlich bis zur Höhe von Kosseir [1]), und es lernte auch Botta das sehr verbreitete Auftreten desselben Gesteins in Yemen kennen [2]); leider aber ohne dafs er, mit Ausnahme des trachytischen Saberbergstocks, einen einzigen Punkt dieser Art speciell namhaft gemacht hätte [3]). Doch durfte schon das durch Niebuhr bekannte Auftreten des Issy, eines Schwefelberges (Dschebel Kibrit) [4]) in Yemen, so wie die Erwähnung des Vorkommens von Schwefel in demselben Lande durch zwei neuere Französische Reisende Combes und Tamisier [5]) dafür zu sprechen, dafs auch diese Vorkommnisse in Trachytgebieten sich finden und Seitenstücke zu dem Erscheinen des Schwefels in der Taltalebene und am Dschebel Dukhân Shoas bilden. Ist diefs der Fall, so liegt darin abermals ein Beweis für Dufrénoys aus der Untersuchung der durch Rochet mitgebrachten Handstücke aufgestellten Behauptung [6]), dafs die sämmtlichen Gesteinmassen an beiden Seiten des Arabischen Meerbusens identisch sind, und dafs die Bildung des Rothen Meeres nur durch ein spaltenartiges gewaltiges Aufbrechen der Erdoberfläche, welches Ost Africa von Arabien an denjenigen Punkten trennte, wo sich jetzt der erwähnte Meerbusen befindet, erfolgte.

Einen ferneren und, wie es scheint, nicht weniger bedeutenden vulcanischen Punkt in Arabien, der sogar nach übereinstimmenden Berichten noch nicht erloschen scheint, erwähnt der Arabische Schriftsteller Masudi am Schlusse des 10ten Jahrhunderts in seiner historischen Encyclopä-

---

[1]) Sec. Voy. 336.

[2]) Relation d'un voyage dans Yemen 1837. Paris 1841, 79.

[3]) Durch Bottas und Rochets Auffinden der Trachyte in diesen Theilen Arabiens wird es wahrscheinlich, dafs auch die Auswurfskegel und Laven Ehrenbergs am Assigebirge trachytischer Natur sind.

[4]) Reisebeschreibung I, 407.

[5]) Voyage en Abyssinie. 4 Vol. Paris 1836. I, 42.

[6]) Comptes rendus de l'Acad. de Paris. 1846. XXII, 808.

die. Ihm zufolge [1]) ergofs nämlich ein an der Südküste Arabiens in der Landschaft **Hadramaut** gelegener und angeblich dem Aetna an Gröfse nicht nachstehender Berg, Namens **Bir Barhut**, damals einen flüssigen Lavenstrom aus der Tiefe seines Kraters, wobei zugleich glühend (live) rothe Kohlen und Stücke schwarzen Gesteins meilenweit sichtbar in die Luft geschleudert wurden, und der Krater, ein dem Donner gleiches, mehrere Meilen weit hörbares Getöse hören liefs. Die geringe Kunde, die selbst ältere Arabische Schriftsteller von der Südküste Arabiens und namentlich von Hadramaut hatten, macht den Mangel bestimmter weiterer Nachrichten aus dem Mittelalter über diefs interessante Ereignifs erklärlich, obwohl es immer bemerkenswerth ist, dafs einzelne Nachrichten schon aus dem Alterthume und der frühesten Sagenzeit des Mohamedanismus darauf hinweisen, dafs das Bahrhut stets für eine eigenthümliche, Schrecken erregende Localität galt und dafs man an die dortigen Erscheinungen, gleich wie etwa an den Averner See, eigenthümliche Sagen knüpfte. Bei dem lebendigen Handelsverkehr der Egypter zur Ptolemäer und Römer Zeit mit Süd Arabien darf z. B. die doppelte Erwähnung in diesen Gegenden einer **Stygischen** Quelle (*στυγὸς ὕδατος πηγή* und *στυγὸς πηγή*) bei **Ptolemaeus** [2]) nicht befremden, indem unzweifelhaft die Griechen auch hierher ihre aus den Naturverhältnissen des südlichen Europa entsprungenen Sagen sammt den Europäischen Namen verpflanzten. — Uebereinstimmend hiermit finden wir wirklich in der Geographie des bekannten Türkischen Autors **Hadschi Chalfa** [3]) den Bahrhut als einen von Ali verwünschten Schlund, den dieser zugleich als Ursprung

---

[1]) Historic Encyclopaedia I. or Meadows of Gold, translated by **Springer**. London 1841. I, 422.

[2]) lib. VI. c. 7.

[3]) Geographia orientalis Ed. Norberg. Londin. Goth. 1818, II, 134.

eines schwarzen Wassers bezeichnet hatte, erwähnt. Berücksichtigen wir endlich, dafs sogar der Name Hadramaut Wohnung des Todes bedeuten soll [1]) und dafs den neueren Arabern der Bir Bahrhut gleichfalls als ein trauriger Ort, nämlich als ein Schlund gilt, woraus Jammertöne und pestilencialische Ausdünstungen hervordringen und worin die zur Hölle prädestinirten Seelen verweilen müssen [2]), so läfst sich mit Gewifsheit annehmen, dafs alle solche Sagen auf vulcanischen Erscheinungen beruhen, und dafs in dieser Gegend noch mannigfache Spuren absterbender oder selbst thätiger vulcanischer Processe vorkommen mögen, so dafs es gar nicht unglaublich erscheint, dafs künftigen Untersuchungen hier ein weites Feld der Ausbeute zu einer gründlichen Kenntnifs der vulcanischen Thätigkeit offen steht. Selbst der von Capt. Haines [3]) angeführte Name Dschebel Dekan (Dukhan) eines Piks an der Küste Hadramauts scheint dafür zu sprechen. Bei der Dürftigkeit der älteren Nachrichten über den Südrand der Halbinsel ist es aber um so erfreulicher, aus drei neueren, wenn auch sehr vagen Mittheilungen über die Fortdauer der dortigen vulcanischen Thätigkeiten Kunde zu erhalten. So erfuhr Seetzen durch zwei Reisegefährte, Kaufleute aus Hadramaut, dafs der Barahut noch rauche [4]), und später, vor etwa 15 Jahren, hörte wiederum der bekannte Judenmissionar Wolf [5]), dafs sich nur 4 Tagereisen von dem durch zahlreiche Thermen bekannten Hafenplatz Makallah derselben Landschaft ein thätiger, bei

---

[1]) Rödiger in Wellsteds Reise in Arabien. Halle 1842. II, 336 Note.

[2]) Fresnel sur la Géogr. de l'Arabie im Journ. Asiatique 1840. X, 83.

[3]) Journ. of the Geogr. Soc. of London. XV, 124.

[4]) v. Zach Monatliche Correspondenzen 1813. XXVIII, 240.

[5]) Journal of the Reverend Joseph Wolf. London 1839, 317 und Edinb. New Phil. Journ. XXIV, 33.

den Landesbewohnern unter dem Namen Albir Hut (d. h. nach Wolf Brunnen des Propheten Hud (Heber)) bekannter Vulcan finde. Indem aber Bîr nächst Brunnen im Arabischen auch Schlott und Krater bedeutet, so ist dieser Albir Hut oder Al bîr Hut unzweifelhaft identisch mit Masudis Bîr Bahrahut. Endlich erfuhr noch der oft erwähnte Anonymus H. A. O. von der fortdauernden Existenz vulcanischer Processe im südlichen Arabien, indem ihm Arabische Matrosen von den brennenden Vulcanen Hadramauts mit offenen Krateren erzählten [1]).

Bringt man nun alle diese Thatsachen in Verbindung mit Birds Beobachtungen an der Arabischen Seite des Bab el Mandeb [2]), ferner mit den vulcanischen Erscheinungen bei Adén, von Adén bis Mocka [3]), zwischen Adén und Sanaa [4]), endlich mit Rochets oben angeführter An-

---

[1]) Asiatic Journal 1830. XXVI, 33.

[2]) Bird nennt nämlich die diese Meerenge auf der Ostseite begränzende Bâb el Mandebspitze (Ras Bâb el Mandeb) einen mäfsig erhabenen Berg von conischer Gestalt, der anscheinend von Basalt gebildet werde. Ist letzteres richtig, so stimmen, da früher bereits der Sedschân und andere Berge auf der Africanischen Seite des Bâb el Mandeb gleichfalls als vulcanische angeführt waren, beide Ränder der Strafse in ihrer geognostischen Beschaffenheit genau mit einander überein (Journal of the Geogr. Soc. of London IV, 200). Die mitten in der Strafse liegende vulcanische Insel Perim bildet dann die Vermittelung der beiden Ränder der Meerenge. Auch Haines nannte den auf der östlichen Seite der letzteren liegenden und muthmafslich mit dem Ras Bab el Mandeb Birds identischen Manhâliberg, so wie den nordöstlich daran befindlichen Heikakbergzug (Dschebel Heikah) vulcanisch (Journ. of the Geogr. Soc. of Lond. IX, 126).

[3]) Rochet Sec. Voy. 331, wobei jedoch zu bemerken ist, dafs Botta (Archives II, 84) ausdrücklich versichert, in Yemen keine Kratere angetroffen zu haben.

[4]) Seetzen traf auf diesem Wege grade die schwarzen porösen Massen oder Pechsteine (a. a. O. XXVIII, 229 und 230).

gabe [1]), dafs der ganze Theil der Arabischen Westküste von Confudda bis Dehézan durch erloschene Vulcane bedeckt sei, so wird man unzweifelhaft zu der Folgerung berechtigt, dafs alle diese Phänomene der Südküste Arabiens mit denen auf der Westküste einem und demselben unterirdischen feurigen Heerde ihren Ursprung verdanken, der jetzt nur noch an einzelnen Punkten der Oberfläche seine Thätigkeit kund gibt. — Von besonderer Wichtigkeit sind zur Unterstützung dieser Ansicht die neueren Beobachtungen in dem zwischen Yemen und Hadramaut gelegenen Theile der Südküste geworden, wo besonders die mit vulcanischen Producten der ausgezeichnetsten Art und mit Krateren erfüllte Umgebung Adéns auf eine Verknüpfung der vulcanischen Phänomene West Arabiens mit denen am Südrande der Halbinsel hinweist. Schon aus Seetzens früheren Beobachtungen ergab sich [2]), dafs bei Adén vulcanische Gebilde verbreitet sind, aber erst seit der Occupation dieses Orts durch die Engländer geben die übereinstimmenden Berichte von Burr [3]), Malcolmson [4]), Harris [5]), Foster [6]), Fouilloy [7]) und Rochet [8]) genauere Aufschlüsse über die gewaltige und mächtige Verbreitung feuriger Producte in der Umgebung der Stadt, wobei zu bemerken ist, dafs letztere selbst inmitten eines

---

[1]) Rochet Sec. Voy. 331.

[2]) A. a. O. XXVIII, 231.

[3]) Transactions of the Geol. Soc. of London. Sec. Ser. VI, 499—502.

[4]) Journal of the Royal Asiat. Soc. of Gr. Britain and Ireland. London 1846. VIII, 279—282.

[5]) I, 3, 11 und 27.

[6]) Proceedings of the Bombay Geogr. Soc. 1839, 15—25 nach Ritters Erdkunde XII, 678 und 683.

[7]) Annales maritimes et col. Partie non offic. 1844. II, 791.

[8]) Prem. Voy. 348.

gewaltigen, von bis etwa 1000 und 1500 Fufs [1]) hohen Wänden, den Schemschänbergen, gebildeten Kraters liegt.

Malcolmson erklärte diesen Kraterberg, dessen Namen er Shumshum (Dschebel Shumshum) schreibt, für einen submarinen, Fooilloy für einen Erhebungskrater, und es läfst sich in der That an der Kraternatur der immensen Vertiefung des Berges nicht im Mindesten zweifeln, wenn man die mineralische Beschaffenheit der Wände derselben und ihre Configuration mit der beckenförmigen Gestaltung mancher ächt vulcanischen Inseln z. B. der von Santorin, Milo, Amsterdam und endlich der der Columbretesinsel an der Küste Spaniens vergleicht. Ritter wies bereits auf diese Aehnlichkeit des Shemshán mit Santorin und Amsterdam hin [2]), und es stimmt damit Fouilloys Zeichnung der Lage Adéns sehr wohl überein [3]). Das Gestein der Kraterwände ist theils basaltisch, theils trachytisch, theils aber auch wahre Lava, wie schon Seetzen erkannte, der sogar bestimmt versicherte [4]), die sämmtlichen Gesteine bei Adén seien Laven, die von der dichtesten Beschaffenheit bis in so poröse Varietäten übergingen, dafs sie sich in der Leichtigkeit den Bimssteinen näherten. Von der süd und südwestlichen Seite des Shemshán steigen schwarze Basaltberge zu einer beträchtlichen, mehrere hundert Fufs betragenden Höhe jäh auf [5]), und es zieht sich von diesen Basaltbergen eine Anzahl von Aesten herab zur See, wo sie sämmtlich rasch und trotzig enden. Malcolmson vergleicht die Form der elliptisch zackigen Halbinsel, welche vom Shemhan gebildet wird, mit der einer Ptero-

---

[1]) Malcolmson (a. a. O. 279) gibt 1770 und Harris gar 1800 Engl. Fufs an.

[2]) A. a. O. 679.

[3]). Auch die von Foster scheint damit conform zu sein.

[4]) XXVIII, 231.

[5]) Malcolmson a. a. O. 279.

cerasschale. Aufser dem Basalt tritt am Kraterberge Trachyt in immensen Massen auf [1]), die in mannigfachen, eigenthümlichen und fantastischen Gestalten gedreht sind. Aus dem Vorkommen des Trachyts erklärt sich aber zugleich sehr wohl das des Bimssteins, den Malcolmson sogar von solcher Leichtigkeit fand, dafs er auf dem Wasser schwimmt. Schon Seetzens Mittheilung über die Beschaffenheit der hiesigen Gesteine führte mit Grund zu der Vermuthung, dafs hier Bimssteine vorhanden sein müfsten, die ihrerseits wiederum auf die Existenz des Trachyts zurückführten. In den Laven selbst fand Malcolmson zahlreiche Arten sehr kleiner Krystalle eingeschlossen zugleich mit schönen Exemplaren von Obsidian. Unter ersteren bemerkte er sehr niedliche krystallisirte Eisenglanze, wie bekanntlich häufig auch in Französischen Trachyten vorkommen. Am Nordrande des Shemshán besteht das Tafelland nach demselben Beobachter aus aufserordentlich hartem und zugleich auch etwas blasigem Basalt. Da jedoch von Malcolmson angeführt wird, dafs der Basalt Feldspathkrystalle enthält, so ist, wenn diefs nicht Labradore sind, wahrscheinlicher, dafs die Färbung den Berichterstatter verführte, schwarzen Trachyt mit Basalt zu verwechseln. Für diese Vermuthung scheint in der That Malcolmsons Angabe zu sprechen, dafs fast alle Gesteinmassen bei Adén so reich an Alcali sind, dafs zur äufseren Bekleidung von Mauern sie sich als völlig unbrauchbar erwiesen. Werkstücke, die der Luft ausgesetzt sind, zersplittern nämlich nach kurzer Zeit in aufserordentlich dünne Blättchen, unter denen sich dann salinische Efflorescenzen darbieten. Eine solche Eigenschaft dürften Basalte schwerlich besitzen. Doch ist nicht unbemerkt zu lassen, dafs Malcolmson grade den mit Feldspathkrystallen versehenen Basalt am Nordrande des Shemshán aus-

[1]) Malcolmson 280.

gezeichnet dauerhaft fand [1]. An der NW. Seite Adéns bestehen endlich die meisten Felsmassen zunächst der Backbay (hinteren?) Bay aus Tuffschichten, die mit einer anderen unendlichen Zahl Lavaschichten von 2,10—20 Fufs Mächtigkeit weckseln. — Alle Felsmassen um diesen Ort sind mit zum Theil völlig senkrechten Gängen durchsetzt, die an verschiedenen Punkten aus den dunkelschwarzen Lavawänden von düsterem Ansehen kühn hervortreten. Zuweilen erscheinen dieselben auch gewunden oder zickzackförmig, meist in NO.—SW. Richtung streichend, oder sie durchsetzen selbst die ganze Halbinsel. Einige derselben sind trachytischer, andere basaltischer Natur; zuweilen haben sie eine porphyrartige Beschaffenheit. An verschiedenen Stellen trennt die Masse der Gänge von dem angränzenden Gestein ein kohlschwarzes, sehr zerbrechliches und dem Pechstein ähnliches Saalband [2], und es ist Malcolmson geneigt die Entstehung aller dieser Gänge späteren vulcanischen Eruptionen zuzuschreiben. Die Masse der Lava, die dem grofsen Krater entstieg und sich in immensen Strömen nach allen Richtungen verbreitete, ist übrigens so gewaltig, dafs, wie der Autor versichert, man ihre Quantität nach der Thätigkeit der jetzigen Vulcane kaum begreifen kann [3]. — Ein zweiter Krater, der sich in verhältnifsmäfsig viel neuerer Zeit gebildet zu haben scheint, brach unzweifelhaft erst später mitten auf dem Boden des alten Kraters, wo jetzt Adén liegt, auf und zerstörte die östliche Wand des letzteren, so dafs aus den übrig gebliebenen Resten derselben die Inseln Seera und Durab-el-host dicht bei Adén entstanden und sich zugleich eine Oeffnung bildete, wodurch die jüngeren Lavenströme zu der Ostbay gelangten. Die Gröfse

---

[1] Malcolmson 280.
[2] Ebendort 281.
[3] Ebendort 280.

des alten Kraters gab Malcolmson zu etwa 18—20 Englischen Meilen an.

Andere Beobachter bestätigen diefs Vorkommen ausgezeichnet vulcanischer Massen um Adén, und es führt namentlich Rochet bei dem zum Golf dieser Stadt gehörenden Hafen Biracmet Porphyrlaven mit glasigen Feldspathkrystallen (also Trachytporphyrlaven) an [1]), so wie Harris oder sein naturhistorischer Begleiter Roth theils die schon genannte Insel Seerah mit grofsen wellenförmigen Rücken von Lava, schwarzen porösen, die sichtlichsten Spuren der Schmelzung verrathenden Massen und zugleich auch mit Bimssteinen und Obsidianströmen bedeckt fand [2]), theils am Festlande selbst Felsen, wie Honigkuchen durchlöchert, hoch am Strande aufsteigend sah, die er gar mit den Haufen geschmolzener Kohlen aus Glasöfen verglich [3]). Bemerkenswerth ist es aber, dafs nächst diesen vulcanischen Producten sich am Biracmethafen bei Adén auch leucitische Laven nach Rochets Wahrnehmung [4]) vorfinden, indem dadurch in der That Arabiens geognostische Verhältnisse eine weitere Aehnlichkeit mit denen des gegenüberliegenden Africas erhalten, weil auch hier, wie bereits erwähnt war, zu Daffare am Hawash leucitische Laven in Gemeinschaft mit Obsidianen, Trachyten und Basalten auftreten.

Leider vermochten die Engländer seit ihrer Besitznahme Adéns nicht ihre Forschungen in das Innere der Südküste auszudehnen, um über die Existenz noch fortdauernder vulcanischer Processe Kunde zu erhalten. Eben so wenig haben sie genauere Nachrichten über die Periode eingezogen, wann die letzten Ausbrüche bei Adén selbst stattgefunden haben mögen, obgleich Seetzen bereits aus

---

[1]) Sec. Voy. 336.

[2]) I, 11.

[3]) I, 3.

[4]) Sec. Voy. 336.

einer von ihm eingesehenen Chronik dieser Stadt berichtete [1]), dafs es bei letzterer noch in neuerer Zeit einen vulcanischen Ausbruch gab, über dessen Natur und Datum er jedoch nichts Näheres erfahren zu haben scheint, da er seiner Notiz nichts weiter hinzufügte. Doch sprach auch Burr [2]) nach eigenen neueren Beobachtungen in dieser Gegend die Vermuthung aus, dafs einige in der Nähe und zwar westlich Adén gelegene vulcanische Gruppen kaum erloschen sein dürften, und in merkwürdiger Uebereinstimmung hiermit versetzte der gelehrte Orientalist Rödiger in seiner Uebersetzung von Lieut. Wellsteds Reise [3]) in das Rothe Meer einen von zwei älteren Arabischen Autoren [4]) erwähnten Vulcan ebenfalls dorthin.

Andere Spuren basaltischer oder ächt vulcanischer Gebilde hat man in neuerer Zeit noch an verschiedenen Punkten der Südküste bis zu ihrem östlichsten Ende, wenn auch nur sehr vereinzelt, und endlich sogar noch solche auf den Inseln des Persischen Meeres wahrgenommen, so dafs dieselben allerdings verbindende Glieder zwischen den vulcanischen Phänomenen und Massen West Arabiens mit den gewaltigen Trapp und Mandelsteinmassen Vorder Indiens abgeben mögen. Das Auffinden mehrfacher Thermen auf der Südküste Arabiens z. B. zu Makallah, worüber in den letzten Jahren Capt. Haines und Baron Wrede [5]) berichteten, unterstützen diese Ansicht; nicht minder geschieht diefs durch das von einheimischen und fremden Reisenden häufiger beobachtete dortige Vorkommen schwarzer

---

[1]) A. a. O. XXVIII, 232.

[2]) Transactions of the Geol. Soc. of London. Sec. Ser. VI, 502.

[3]) 2. B. Halle 1842. II, 95.

[4]) Er wurde von Rödiger bei Kazwini (Askar el bilad im Cod. Goth. 234. fol. 10) und bei einem zweiten sonst ganz unbekannten Autor Ibn Ijâs (Cod. Goth. 302. p. 399) erwähnt gefunden.

[5]) Journal of the Geogr. Soc. of London. IX, 153 und XIV, 108.

oder kegelförmiger Felsen, die theilweise sogar schon im Alterthume durch ihre Färbung aufgefallen waren. So trafen Haines und Wellsted [1]) östlich Adén auf einen hohen schwarzen, wohl nur seiner Färbung wegen das Rabenschlofs (Hisn Ghoràb) genannten Felsen, der muthmafslich mit einem von Ptolemäus in derselben Gegend aufgeführten Schwarzen Berge (μέλαν ὄρος) [2]) identisch ist. Gleicher Weise finde ich in den durch Abbadie von den Eingeborenen gesammelten Notizen über die Südküste der Halbinsel im Osten Adéns sieben schwarze Inseln erwähnt [3]), die wie gebrannt aussehen und unzweifelhaft deshalb ihren Arabischen Namen el Hhârâyg [4]) erhalten haben. Noch weiter im Osten soll sich ebenfalls eine schwarze Insel (Dschezirah Soudah) befinden [5]). Es ist aber nicht ganz klar, ob der Englische Reisende Bird [6]) plutonische oder vulcanische Massen bei dem Orte Makallah wahrgenommen haben dürfte, da er die geognostische Bildung der Südküste Arabiens dem aus mächtigen Trappmassen bestehenden Rande Vorder Indiens gradezu gegenüber stellt. Habe ich aber Bird recht verstanden, so besteht jene Küste aus unzähligen Bergen kahler Felsgesteine, die theilweise Trapptuffe und Breccien sind, und es ist dann wahrscheinlich, dafs letztere Massen nur die obersten Platten der tafelförmigen Felsen, grade wie im Caplande, bilden, da nach eines anderen neueren Reisenden, des Baron Wrede Bericht, Makallahs Umgebung wesentlich aus Sandstein besteht, der auf Granit gelagert ist. Von besonderem Interesse sind aber die Gesteine an dem engen, unter dem Namen der Strafse von Ormuz bekannten Ein-

---

[1]) Haines im Journ. IX, 144, 145; Wellsted üb. v. Rödiger II, 322.

[2]) lib. VI. c. 7.

[3]) Bulletin de la soc. de Geogr. de France. 1842. XVII, 134.

[4]) Wiederum nach dem Wurzelworte harag oder harar.

[5]) Bulletin XVII, 132.

[6]) Journal of the Geogr. Soc. of London. IV, 194.

gange in den Persischen Meerbusen, indem die Felsen, welche den Westrand desselben bilden, darthun, dafs er, gleich dem Bab el Mandeb des Arabischen Meerbusens, ebenfalls durch einen spaltenartigen Aufbruch gebildet sein mag. Nach den Berichten der Englischen Untersuchungs-expedition nämlich, welche unter Capt. Maude im Jahre 1824 und 1825 die Aufnahme des Persischen Busens bewerkstelligte [1]), wird die äufserste zungenförmige, südöstliche Spitze Arabiens an der Strafse von Ormuz durch wild zerrissene, bei den Eingeborenen unter dem Namen der Asabour oder schwarzen gekannte Felsen gebildet, welche bereits im Alterthume bei Ptolemäus beide Namen führten [2]) und letzteren unzweifelhaft nach der Farbe ihres Gesteins erhielten, indem diefs wesentlich prismatisch zerklüfteter Basalt, dann aber auch Klingstein ist, woran sich noch Obsidiane anschliefsen [3]). — Der Basalt mufs leicht zersetzbarer Natur sein, weil seine Oberfläche mit Bruchstücke bedeckt ist und sich der Vegetation äufserst zuträglich erweist. — Vor dem Asabour liegt nun zunächst in der Meerenge die durch einen äufserst engen Kanal von der Arabischen Halbinsel getrennte sogenannte Nordinsel, worauf sich noch eine Bergspitze unter dem Namen der Mussendomspitze (Ras Mussendom) erhebt, welche, da der Kanal noch in 18 Klaftern Tiefe beim Sondiren keinen Ankergrund ergibt, und seine senkrechten schrecklich majestätischen Wände über dem Wasserspiegel bis zu 400 Fufs Höhe aufsteigen, unzweifelhaft einst hier im Osten von der Arabischen Halbinsel ebenso durch eine heftige Convulsion abgerissen wurde [4]), wie Perim im We-

---

[1]) Aus der Bombay Gazette im Asiatic Journal 1825. XIX, 291—292.

[2]) lib. VI, c. 7.

[3]) Asiatic Journal XIX, 292.

[4]) Kempthorne im Journ. of the Geogr. Soc. of London. 1835. V, 272.

sten [1]). Aber das Vorkommen von Obsidian und Klingstein weist gleichzeitig darauf hin, dafs in diesen Gegenden, wie am Bab el Mandeb, aufser Basalten auch Trachyte und verschiedene Modificationen des letzteren Gesteins auftreten mögen. Zu Gunsten einer solchen Muthmafsung scheint wesentlich der Umstand zu sprechen, dafs im 17. Jahrhundert ein Spanischer Reisender Figueroa [2]) einen sehr leichten, porösen und weifsen Bimsstein unter dem Wasserspiegel zunächst den Rändern der in der Ormuz Strafse liegenden Insel dieses Namens, so wie auf letzterer noch sehr viele Steine, die schwarz, wie Kohle, aussahen, antraf [3]). Er erklärte den Bimsstein bereits für ein bestimmtes Feuerproduct und nannte Ormuz einen Feuerberg, eine Angabe, worin ihm in neuerer Zeit Macdonald Kinneir [4]) beistimmte, nach dem gleichfalls die In-

---

[1]) Mit diesen Angaben Kempthornes über die geognostische Beschaffenheit und die übrigen Verhältnisse der in Rede stehenden östlichsten Spitze von Arabien stimmen sehr wohl die Beobachtungen des Lieut. Whitelock überein (Journal of the Geogr. Soc. of London. 1838. VIII, 182), nach denen das Cap Musendom ebenfalls jäh vom Meere aufsteigt, wesentlich aus Basalt besteht und dadurch einen schwarzen und düsteren Anblick gewährt. Nur die Höhe desselben gibt Whitelock viel niedriger, nämlich nur zu 200 Fufs an. — Der Basalt bildet überhaupt in diesem Theile der Strafse von Ormuz mit Granit die Hauptmasse der Felsen (a. a. O. 273).

[2]) Ambassade de D. Garcias de Silva Figueroa en Perse. Trad. de l'Espagnol par M. de Wiquefort. Paris 1667, 73.

[3]) Ebendort 75. Die schwarzen verbrannten Steine bedecken den Berg von Ormuz bis zur Ebene, wo sie noch in Haufen erscheinen. Auch die Sage der Einwohner der Insel zu Figueroas Zeit, dafs der Berg einige Male Feuer, Rauch und die verbrannten Steine ausgeworfen habe, ist der Annahme, dafs Ormuz einst vulcanisch gewesen sei, günstig. Seit Ankunft der Europäer in diesen Gewässern soll aber, wie der Reisende versichert, kein Ausbruch stattgefunden haben. S. 43.

[4]) Narrative of a voyage into Khorasan. London 1825, 46, wo

sel vulcanisch ist. Auch Whitelock [1]) vermuthete aus der fast kreisförmigen Gestalt der Peripherie, der vielfachen Färbung des Bodens, endlich aus der conischen Gestalt und isolirten Stellung der zahlreichen Berge auf der Insel, dafs diese ein vulcanisches Product sei. Ist diefs richtig, so spricht der Schwefelreichthum derselben [2]) in Verbindung mit dem Bimsstein Figueroas auch hier dafür, dafs die Gesteine theilweise trachytische sind. Dafs in der That Trachyte und die mit ihnen zusammenhängenden Producte in nicht unbedeutender Menge in diesen Gegenden verbreitet sind, scheinen selbst die in neuerer Zeit erst bekannt wordenen und von den Eingeborenen für Rechnung des Iman von Mascate gebauten ansehnlichen Schwefellager des gegenüberliegenden Persischen Ufers bei der Stadt Khamir zu ergeben [3]). — Auch andere Inseln dieser Gegend, wie die ganze Küste Persiens von der Breite Ras Mussendoms bis zu der der Bahreininseln zeigen vielfache Spuren vulcanischer Massen [4]). So erschienen Whitelock und Kempthorne [5]) die in der Nähe der Küste

---

der Reisende den gröfseren Theil der Insel vulcanisch nennt. Auch seine Schilderung der mannigfachen Färbung (dunkelbraun, schwarz, aschgrau) und Gestaltung der Felsen, die jäh aufsteigende Massen sind, sprechen dafür S. 40.; nicht minder dessen Erwähnung des Vorkommens von krystallisirtem Eisenglanz S. 49.

[1]) Journal of the Geogr. Soc. of London. VIII, 170.

[2]) Kempthorne ebendort V, 274.

[3]) Jenkins on the Sulphur Mines in the Persian Gulf in the Proceedings of the Bombay Royal Society nach Ritters Erdkunde XII, 449); Whitelock im Journal VIII, 175.

[4]) Auf Macdonald Kinneirs Charte finde ich z. B. SW. von Ormuz und fast gegenüber der grofsen Kischminsel schon auf dem Festlande Asiens Charrac Berge verzeichnet, deren Name deutlich an das mit vulcanischen Massen erfüllte Karrak am Jordan, an Harrar, Haré und ähnliche Benennungen erinnert.

[5]) Journal VIII, 181 und V, 279.

liegenden Inseln Angám und Ladek als vulcanisch, und es fand letzterer auf Angám häufig Lavastücke und kleine, bis 400 F. hohe Kratere [1]). Ferner traf Keppel [2]) auf der Insel Polior 3—400 F. hohe anscheinend vulcanische Klippen, und endlich versichert der Bericht des Capt. Maude, dafs die von ihm zunächst der Küste und in der Nähe der Bahreininsel neu entdeckten Inseln sogar die stärksten Spuren vulcanischer Thätigkeit darbieten. Maude fand nämlich auf allen Schwefel, Kegelpiks, Lavaschlacken, Gypsmassen, jugendliche Trappgebilde und Obsidiane, also wiederum an anstehende Trachytmassen erinnernde Gebilde [3]). Berücksichtigen wir hierbei endlich, dafs nach Capt. Sadlier auf dem Arabischen Festlande fast den Bahreininseln gegenüber ein zuckerhutartiger Berg Namens Zaheran, gleich anderen ähnlichen, eine gute Landmarke für die Einfahrt in eine Bucht bildet und also muthmafslich basaltisch oder vulcanisch ist [4]) und zugleich, dafs sich dort ein von vulcanischen Massen umgebener Einschnitt in die Küste findet, endlich dafs bereits ältere Reisende des 17. Jahrhunderts, wie della Valle, an der Küste Persiens bei Bender Abassi häufiger Erdbeben zu erleiden hatten, so ist es allerdings klar, dafs die vulcanischen Processe der Vorzeit hier in derselben Intensität, wie weiter im Westen thätig waren, und dafs die Bildung der gewaltigen Indischen Trappmassen mit ihnen in inniger Verbindung gestanden haben mag.

---

[1]) Whitelock setzt ausdrücklich hinzu, dafs die Insel den auch bei den übrigen Inseln des Persischen Meerbusens gewöhnlichen vulcanischen Character habe.

[2]) Personal Narrative of travels in Babylon, Assyria. London 1827. I, 34.

[3]) Asiatic Journal 1825. XXIX, 292 und Wellsted Travels to the City of the Chaliphs. London 1840. I, 124. Die Engländer pflegen diese Inseln jetzt die Maudes Gruppe zu nennen.

[4]) Transactions of the Bombay Litterary Society. 1823. III, 458.

Selbst gangartige Basalt- oder Grünsteinstreifen scheinen in Arabien so wenig, wie im südlichen Africa zu fehlen, indem Dr. Hulton [1]), Wellsteds Begleiter, an der Südküste der Halbinsel zahlreiche dunkle Streifen, angeblich von Trapp oder Grünstein, die in einer wechselnden Stärke von wenigen Zollen bis 18 und 20 Fufs Stärke die Granitfelsen auf der kleinen Ziegeninsel (Hellániyah) durchsetzten, ausdrücklich Gänge (dykes) nannte. Es erinnert diefs Vorkommen besonders an die schon erwähnten Whindykes der Capischen Halbinsel.

Kehren wir noch einmal zu dem Continent von Africa zurück, so ergiebt sich aus den bisherigen Untersuchungen freilich noch nicht mit Bestimmtheit, dafs die vulcanische Thätigkeit, welche das jetzige Abyssinien und Shoa bis an den Nil in der Vorzeit bewegte, auch jenseits des blauen Nils ihre Producte häufiger an die Oberfläche gebracht habe, doch erscheint diefs nicht grade als unwahrscheinlich, seitdem die neueren Egyptischen Nilexpeditionen sogar noch tiefer im Continent am oberen Bahr el Abiad zu der Auffindung zweier vulcanischen Punkte geführt haben. Einer derselben, der Berg Defafaûngh, liegt nach der Charte zu des Werks des Deutschen Reisenden Werne über die oberen Nilgegenden [2]) hart am Bahr el Abiad unter dem 10°55′N.B., und es kommen an ihm nach dem ebengenannten Berichterstatter, dem einzigen, dem wir Nachrichten über diesen Punkt verdanken, sehr caracteristische, rothbraune, poröse Laven mit grofsen etwas abgerundeten Hornblendekrystallen (ganz in der Art der bekannten hornblendereichen ba-

---

[1]) Journal of the Geogr. Soc. of London. XI, 157.

[2]) Expedition zur Entdeckung der Quellen des Weifsen Nils. Berlin 1848. Früher war bereits die Lage des Defafaûngh von Wernes Reisegefährten, dem Franzosen Arnaud auf einer Charte des oberen weifsen Nils (Bulletin de la Soc. de Geogr. de France. XIX.) aber ohne Bemerkung, dafs er ein vulcanischer Berg sei, angegeben worden.

saltischen Laven von Czerloszyn in Böhmen), wie die daher gebrachten Stücke erweisen, dunkelbraune, aus porösen, kleinen Lavabrocken gebildete Tuffe und feine Aschen, doch muthmafslich keine Bimssteine vor, da wenigstens unter Wernes Handstücken, die ich in Berlin zu untersuchen Gelegenheit hatte, sich keine Spur von Bimsstein und selbst nicht einmal von glasigem Feldspath findet. Es scheinen demnach die vulcanischen Gebilde des Defafaùngh, aufser dem dafs auch ächte Olivin und Augitreiche Basalte vorkommen, die Natur nur von basaltischen, aber nicht von trachytischen Laven zu besitzen [1]). Aus dem hiesigen, besonders nur aus vulcanischen Aschen und Tuffen bestehenden Boden sah endlich noch Werne poröse Felsen hervortreten, ja er glaubte selbst auf dem durch eine ovale Terrasse gebildeten Gipfel des bis etwa 4—500 Fufs über seiner Basis aufsteigenden Berges Spuren eines Kraters entdeckt zu haben, ohne dafs er jedoch Anzeichen von ächten Lavenströmen wahrgenommen hätte. Die beiden von einander abweichenden Schreibarten des Namens des Berges [2]), gleich wie eine dritte Teffafan, die ich auf Arnauds Charte finde, lassen übrigens vermuthen, dafs keine richtig, und dafs vielmehr Dukhán oder Dofân, das Arabische Wort für Rauch, der eigentliche Name ist, weil ähnliche Namen auch in anderen Gegenden mit Ara-

---

[1]) Zu den nämlichen Resultaten gelangte bereits Girard bei Ansicht derselben Exemplare (Ritter Blicke in das Nilland. Berlin 1844, 70). Werne selbst beschrieb seinen Besuch des isolirt stehenden Berges in seinem Werke S. 500—506, leider aber besafs er nicht geognostische Kenntnisse genug, so dafs seine Darstellung für die Wissenschaft nicht besonders erspriefslich geworden ist.

[2]) Defafaùngh und Dofafaùngh kommt auf den von Werne an Ort und Stelle geschriebenen Etiquetten seiner Handstücke vor. Im Werke selbst schreibt derselbe durchweg nur Defafaùngh (S. 100, 500, 505).

bisch redender Bevölkerung, wo es nur noch plutonische oder vulcanische Gesteine [1]), aber keine rauchende Kratere mehr gibt, vorkommen. Ist diefs richtig, wie ich glaube, so bedürfte es gar nicht Russeggers Vermuthung [2]), dafs dieser Name in der Gallasprache Vulcanismus bedeutet, da an beiden Ufern des weifsen Nils nach den Berichten der neueren Reisenden noch immer Stämme Arabischer Abkunft nomadisiren und, weil selbst wenn diefs nicht der Fall wäre, das Wort eben so gut aus der Arabischen Sprache in die der Africanischen Urbewohner übergegangen sein könnte, als es mit dem Arabischen Bîr Bahrhut der Fall war, das nach Harris [3]) sich ja auch bei der nicht Arabisch redenden Bevölkerung des vulcanischen Süd Shoa findet. Mit vollem Grund tadelt jedoch Russegger hierbei Girards Behauptung [4]), dafs der Defafaûngh der erste im Binnenlande des Continents überhaupt bekannt wordene erloschene Vulcan sei, da abgesehen von dem noch zweifelhaften Vulcanismus des gleich ausführlicher zu erwähnenden Koldadschiberges in Kordofan und von dem Kameronvulcan man damals bereits mehrere Jahre hindurch durch Rüppell die grofsen Reihen erloschener Vulcane im nordöstlichen und centralen

---

[1]) Diefs dürfte namentlich von dem Namen der alten Hauptstadt Yemens Dofâr gelten, da Seetzen dieselbe erwähntermafsen von schwarzen porösen Wacken und schwarzem Pechstein, also ebenfalls von vulcanischen und plutonischen Gesteinen umgeben fand. Hiernach möchte also die Etymologie einer Reihe von Namen in Gegenden, wo die Arabische Sprache bekannt ist und vulcanische Gebilde verbreitet sind, sich ebenso auf Rauch, wie eine andere auf Brennen zurückführen lassen.

[2]) Reisen II, 2, 303.

[3]) III, 208.

[4]) Leonhard und Bronn N. Jahrb. f. Mineralogie u. s. w. 1844. 313.

Abyssinien, dann in Shoa durch Rochets erste Reise und Dufrénoys weit verbreiteten Vortrag darüber in der Pariser Academie [1]) hinlänglich kannte. Doch ist bemerkenswerth, dafs in der Wiederholung von Girards Arbeit, die sich mit einigen Modificationen in Ritters Schrift: Blicke in das Nilland. Berlin 1844 findet, die von Russegger getadelte Bemerkung nicht mehr vorkommt [2]), so dafs es allerdings scheint, als hätte der Verfasser sich selbst bereits von der Unrichtigkeit seiner Behauptung überzeugt. — Noch weiter nördlich und zwar oberhalb dem Zusammenflusse des weifsen und blauen Nils bei Khartûm traf Werne, wie seine Handstücke erweisen, in der Nähe der unweit dem blauen Nil liegenden Stadt Loba gleichfalls poröse Schlackenmassen an, wovon einige Exemplare eine schwarze und glänzende Oberfläche zeigen und sich als unzweifelhafte Theile einer einst geflossenen Masse ergeben. Girard erwähnt auffallender Weise diese Schlakken [3]), die sicherlich natürliche sind, da Werne in seinem Werke ausdrücklich von vulcanischen Producten spricht, die er wenigstens an anderen Punkten dieser Gegend und besonders weiter im Westen an der auf der rechten Seite des Weifsen Nils gelegenen und Scheich Mussa genannten Localität gefundenen hatte, nicht [5]). Aufserdem

---

[1]) Comptes rendus de l'Acad. de Paris. 1841. XII, 732 und 925 — 926; Athenaeum 1841, 492; Poggendorf Annalen der Chemie und Physik LIII, 636, womit auch der vorläufige Bericht über Rochets geognostische Entdeckungen in Shoa und im Adallande im Bull. de la Soc. de Geogr. de France. 1841. XV, 280 zu vergleichen ist.

[2]) So z. B. nicht in S. 70.

[3]) In Wernes Reisebericht sehe ich gleichfalls keine Erwähnung derselben.

[4]) S. 72.

[5]) Mahlmann gibt auf seiner Charte zu Wernes Reise ausdrücklich das Vorkommen poröser vulcanischer Producte am Scheich Mussa an.

traf noch derselbe Reisende auf der benachbarten Insel Tauowat einen schwarzglänzenden, eisenreichen und im Drittel seiner Masse aus kleinen schwarzen Krystallen gebildeten Sand. Wäre seine Vermuthung, dafs diese Krystalle Augit oder Hornblende sind, richtig, so könnte man kaum bezweifeln, dafs der Sand zerfallenen vulcanischen Massen seinen Ursprung verdankt [1]).

In der grofsen Biegung, welche der Nil nach Osten macht, liegt noch ein öder, unter dem Namen der Bahiudawüste bekannter Landstrich, mit einem mächtigen Stück Gebirge, das den Namen des Dschebel Atschan (Durstberg) und in seiner Fortsetzung den des Gekdul führt. Schon Rüppell hatte das Gestein desselben Porphyr genannt [2]). In neuerer Zeit besuchte wiederum Russegger die Bahiuda und nannte die schwarzen Gesteinmassen des Gekdul, welche in hohen spitzen Zacken, kuppelförmigen Domen, scharf zerrissenen Kämmen und senkrechten Felswänden mit tiefen zwischenliegenden Schluchten vereinigt zu phantastischen Bildern auftreten [3]), ebenfalls Porphyr. Er erklärte sie ihrer Entstehung nach für vulcanisch, indem der Sandstein da, wo er mit dem Porphyr zusammenstöfst, die merkwürdigsten Hebungen, Veränderungen und Umgestaltungen erleide. An der Gränze mit dem Porphyr erscheine nämlich der weiterhin gänzlich unveränderte Sandstein nach allen Richtungen zertrümmert und mit einem Character, als sei er einer heftigen ausdauernden Hitze ausgesetzt gewesen. Man finde ihn roth,

---

[1]) Girard (Ritters Einblicke 72) erwähnt nur Sandstein und Hornsteinbildungen an dem dem Scheich Mussa gegenüberliegenden Mussaberge (Dschebel Mussa). Auch Russegger (Reisen II, 2, 112) erfuhr von vulcanischen Productionen in dieser Gegend nichts.

[2]) Reisen in Nubien, Kordofan und dem Petträischen Arabien. Frankfurt 1824, 100.

[3]) Reisen II, 3, 146.

wie die aus einem ausgeblasenen Ofen ausgebrochenen Gesteine und stellenweise ganz locker in seinem Zusammenhange. Noch andere Sandsteinpartien seien gefrittet, oder förmlich zu Schlacke geschmolzen, so dafs der Reisende dieselben theilweis wirklich Sandsteinschlacken oder auch Sandsteinlava nennt [1]). Alle Uebergänge von dem unveränderten Sandstein bis in die Schlacke sollen hier vorkommen, und sogar kein bezeichnendes Mittelglied mangeln. Merkwürdiger Weise versichert noch der Reisende, dafs die Sandsteinlava in den unter dem Porphyr des Gekdul liegenden Sandstein eingedrungen sei, alle Zwischenräume und Spalten desselben erfüllt und sich wie ein Lavenstrom einst über dessen Oberfläche ergossen habe [2]). Solche Spaltausfüllungen seien nach allen Richtungen gewunden, gedreht, porös, zellig, zerfressen, scharf und rauh an der Oberfläche. Aufser den Laven erwähnt Russegger in dieser Gegend noch die Existenz eigenthümlicher puddingartiger, aus Quarzgeschieben und Quarzbrocken bestehender Gesteine, die er für vulcanisch regenerirte Gebilde hält, indem Sandsteinlava sich einst über die Oberfläche der Sandsteine und des Sandes ergossen habe, die losen Fragmente umhüllte und zu einem neuen sehr festen Gestein verband. Das Cement bezeichnet er als schlackenartig und fast glasig. Da aber zugleich der Sandstein der Bahiuda nach Russeggers Beobachtungen gangartig von der mächtigen Masse des Gekdul, die äufserlich von schwarzer Färbung, ihrem Wesen nach aber ein rother Feldspathporphyr mit vielen eingewachsenen Quarzkrystallen ist [3]), schroff durchbrochen scheint, so folgert der Reisende nochmals, dafs hier einst ein höchst ausgezeichnetes vulcanisches Phänomen, aber nicht in der Weise der gewöhn-

---

[1]) Ebendort II, 3, 147 und 149.
[2]) Ebendort II, 3, 148.
[3]) Ebendort II, 3, 147.

lichen neueren, sondern in einer solchen stattgefunden habe, dafs sich neue Schmelzproducte aus dem vorhandenen Sandstein bildeten und durch Spalten an die Oberfläche gelangten.

Es ist nicht zu läugnen, dafs Russeggers Schilderung der eigenthümlichen Phänomene am Gekdul, die mit anderen gleich zu erwähnenden im nordöstlichsten Nubien völlig übereinzustimmen scheinen, höchst interessant ist, so dafs, wenn fernere Untersuchungen ihre Richtigkeit bestätigen, Nubien eins der wichtigsten Gebiete für das Studium der metamorphischen Processe der Vorwelt werden dürfte, wogegen freilich nicht zu übersehen ist, dafs man Gesteine der Art, wie sie Russegger beschreibt, z. B. Sandsteinlaven bisher in keinem einzigen wahren vulcanischen Gebiete der Erde, so viel auch deren bisher untersucht worden sind, kennen gelernt hat, und dafs also die Auffindung von vulcanischen Processen mit dergleichen Producten den bisherigen Erfahrungen über die Natur vulcanischer Massen ein ganz neues Element hinzuzufügen scheint. Gleichzeitig kann ich auch nicht unbemerkt lassen, dafs ich bei den von Russegger am Gekdul selbst gesammelten und nach Berlin gesandten Handstücken für mich keine Veranlassung sehe, an die Vulcanisirung der dortigen Sandsteine oder Trümmergebilde zu glauben, da letztere nichts weiter, als ein ganz gewöhnliches Conglomerat sind, das aus gerundeten, milchweifsen Quarzbrocken, conglutinirt durch ein stark eisenschüssiges schwärzliches Bindemittel, besteht, und das sich nur durch einen eigenthümlichen glasähnlichen Glanz des Bindemittels, ähnlich dem mancher tertiären Quarzsandsteine, auszeichnet. Es ist deshalb sehr zu wünschen, dafs die von Russegger [1]) verheifsenen Resultate der Untersuchungen Haidingers mit diesen und anderen Sandsteinlaven aus Nubien bald

---

[1]) II, 1, 577.

veröffentlicht würden. Russegger sprach den Gekdul für ein unzweifelhaftes Eruptionsgebirge [1]) an, das jünger, als die Ablagerung des Sandsteins aus der Diluvialzeit, den er hier zu finden glaubte, sei, und er erkannte zugleich ausdrücklich in den Sandsteinschlacken oder Laven ein Product der vulcanischen Metamorphose des bei der Erhebung des Porphyrs einem hohen Hitzgrade ausgesetzt gewesenen Sandsteins [2]).

Zwischen den beiden Hauptmassen des Gekdul, dem grofsen und kleinen Gekdul, dehnt sich ein etwa 4 Quadratmeilen weit ausgedehntes Plateau aus. Am Fufse jener erschien Russeggern in einer Reihe Vorberge der Sandstein, der den Porphyr zu unterteufen schien, mit denselben Merkmalen vulcanischer Einwirkung, wie vorher, nämlich gebrannt, gefrittet, zu förmlicher Schlacke geflossen, aus Klüften aufsteigend, alle Zwischenräume des Gesteins erfüllend und wie kleine Lavaströme über die Oberfläche des Sandsteins hin ergossen. Auf dem Plateau selbst wird der Porphyr durch Sandstein bedeckt, der hier in noch höherem Grade umgewandelt und namentlich durch und durch gefrittet ist, so dafs die schwarze, mit zahllosen spitzen bis 100 Fufs hohen Kegelbergen besäete Hochebene sich gleichfalls wie mit Schlacken bedeckt darbietet [3]).

In derselben Gegend Nubiens erwähnt Russegger noch das Magágagebirge [4]) als ein dem Gekdulstock ähnliches Chaos hoher spitzer Kegel, scharfer zerrissener Kämme und kuppelförmiger Dome. Enge und tiefe Spaltenthäler trennen auch hier die zertrümmerten steilen Felsgehänge der aus rothem Porphyr bestehenden kahlen Berge, welche auf ihrer Süd und Westseite durch Sandstein, wie

---

[1]) II, 1, 577.
[2]) II, 3, 151.
[3]) II, 3, 150—151.
[4]) II, 3, 151.

der Gekdul umgeben sind. Letzteres Gestein zeigt hier gleichfalls in seiner Berührung mit dem Porphyr dieselben Veränderungen, wie dort. Noch andere damit übereinstimmende Metamorphosen des Sandsteins traf der erwähnte Reisende am Ende des von Porphyr und Granitsyenit gebildeten Passes Haschme el Magága [1]), und endlich ist es bemerkenswerth, dafs in der Nähe dieser gewaltigen Porphyrmassen sich sogar noch entschiedenere vulcanische Gebilde finden, indem Russegger den Abu Szrud als einen kuppelförmigen durch glasigen Trachytporphyr gebildeten Dom von ungefähr 400 Fufs Höhe beschreibt [2]).

Bestimmte Reste vulcanischer Thätigkeit scheint es noch an einem anderen Punkte Nord Africas südwestlich der Bahiuda und noch mehr im Binnenlande, an dem schon genannten Koldadschi in der Landschaft Kordofán zu geben. Rüppell, der zuerst davon Kunde empfing, berichtet in seiner frühesten Notiz [3]), dafs dieser Koldadschi eine ganze Kette halberloschener Vulcane enthalte, und dafs ein dazu gehörender hoher Kegelberg sogar fortwährend rauche und ohne Unterbrechung heifse Asche ausstofse. In des Reisenden späterem Werke über Nubien und Kordofan erscheint diese Notiz über den Koldadschi sehr verändert [4]), indem darin nicht mehr Rauch und heifse Asche, sondern nur das Vorkommen schwarzer, glasähnlicher und poröser Gesteine erwähnt wird [5]). Es scheint demnach, dafs Rüppell durch fernere Erkundigungen veranlafst wurde, die früher von ihm während seines Auf-

---

[1]) II, 3, 153.

[2]) II, 3, 155.

[3]) Correspondance astronomique du Baron de Zach Gènes. 1824. XI, 270.

[4]) Reisen in Nubien 150.

[5]) Russegger nennt den Bergzug, zu dem der Koldadschi als ein einzelner Berg nach seinen Erkundigungen gehören soll, den Kadero (Reisen II, 2, 303).

enthalts im inneren Africa gesammelten und nach Europa gesandten Nachrichten nicht mehr für zuverlässig genug zu halten. Neuere Mittheilungen über die Erscheinungen am Koldadschí haben wir nicht erhalten, da sogar Russegger, der sich längere Zeit in den Ebenen um Kordofáns Bergland bewegte, davon nichts erfuhr [1]. Bemerkenswerth ist es jedoch, dafs durch diesen Reisenden in das Berliner Mineralogische Museum ein ausgezeichneter, dem Böhmischen oder Französischen ganz gleicher Phonolith mit poröser und stellenweise mandelsteinartiger Structur vom Koldadschí gelangte. So wenig nun auch in Deutschland Phonolithe begleitet von Schlacken bekannt sind [2], so macht doch diese Nachricht von dem Vorkommen des Phonoliths im Berglande Kordofans die Angabe eines Vorkommens ächt vulcanischer Phänomene einigermafsen wahrscheinlich, sofern man nur nicht mit Girard seinen Blick auf Deutschland beschränkt [3], sondern ihn erweitert und

---

[1] Da Russegger bis auf zwei Stunden Entfernung an den Koldadschí gelangte (II, 2, 303), so ist allerdings zu beklagen, dafs er bei seiner Anwesenheit in jenen Gegenden keine Kenntnifs von Rüppells Mittheilungen hatte, und dafs er überhaupt zu wenig vorbereitet seine Reise antrat, indem dadurch trotz der günstigsten Lage, worin er sich befand, mancher Punkt, in den Werken seiner Vorgänger, der eine gründliche Untersuchung verdient hätte, unerforscht blieb. Auch ein neueres Werkchen des Böhmen Palme, der Kordofán mehrere Male besuchte, liefert hierüber nichts. Wahrscheinlich würden aber die Forschungen des Wiener Botaniker Kotschi, der ebenfalls dreimal in Kordofán war, hierüber Aufschlufs gegeben haben, wären sie nur publicirt worden, was leider bis jetzt nicht geschehen ist.

[2] In Deutschland selbst kommt bekanntlich keine bestimmte Begleitung des Phonolith durch Schlacken und kraterähnliche Bildungen, als etwa an der Pferdekoppe in der Rhön vor, wo in der Nähe der hohen Phonolithwände der Milseburg u. s. w., eine gewaltige, wesentlich durch Schlackenwände gebildete Vertiefung sicherlich nur der Rest eines alten Kraters ist.

[3] Diefs geschieht nämlich von Girard in seinem schon er-

ihn nach Frankreich [1]), ja selbst nach Island [2]) ausdehnt. Ich setze nämlich dabei voraus, dafs nicht schon Rüp-

---

wähnten Aufsatze über die Bodenbeschaffenheit Central Africas (oder besser gesagt der Ränder des Weifsen Nils, da nur von ihnen die Rede ist) durch die ausdrückliche Behauptung, dafs die Phonolithe des Koldadschi nur auf Basalte, nicht aber auf vulcanische Erscheinungen hinweisen, da bei uns nur in solchen basaltischen Gesteinsgruppen Phonolithe vorzukommen pflegten, in denen keine Vulcane aufgebrochen seien (Ritters Einblicke 72). In dem späteren Abdrucke desselben Aufsatzes (Leonhard und Bronn 1844, 315) findet sich diese Behauptung wiederum dahin modificirt, dafs das Vorkommen von Phonolithen selbst nicht unmittelbar berechtigen soll, die Nähe von Basalten vorauszusetzen.

[1]) Berücksichtigt man nämlich, dafs im Centralkörper des Mont Dore mit Phonolithen häufig genug die entschiedensten vulcanischen Gesteine, wie Trachyte, Obsidiane und Bimssteine erscheinen (Burat description des terrains volcaniques de la France centrale. Paris 1833, 46, 109, 111, 112, 123), und dafs stellenweise dort Phonolithe auf Bimssteinconglomeraten aufruhen (z. B. an der Tuilière; Burat 131), ferner dafs trachytische Lavenströme (Burat 110) und Erhebungskratere (139) nicht fehlen, und dafs selbst die in den Klingsteinfelsen der Sanadoire, des Dardauche (Roi Dardauche), am See Geri und am Puy Gros eingeschlossenen Schlackenstücke seit dem Beginne dieses Jahrhunderts bereits als Beweise für den einstigen feurig flüssigen Zustand des Phonoliths gegolten haben (Journal de Physique 1808. CXVII, 56; Poullet Scrope Memoir on the Geology of Central France. London 1827, 114), endlich dafs Boué zu St. Pierre Eynac im Velay zusammen mit den entschiedensten Schlackenmassen (Burat 223, 226, 227, 245), Schlackenkegeln (ebendort 248) und zahlreichen Krateren (ebendort 250 und 251) Phonolithe über tertiären Gebilden sogar in Strömen gefunden hat, so ist in der That Girards Behauptung nach solchen längst bekannten Beispielen schwerlich noch als richtig anzunehmen.

[2]) Schon die Herrn Girard wohl bekannte grofse Berliner Mineralogische Sammlung enthält aus dem vulcanischen Island Gesteine, ganz von der Natur der Deutschen oder Französi-

pells Berichterstatter die porösen Phonolithe für Schlakken ansah.

Nicht viel sicherer, als in Mittel Nubien und Kordofan, ist bisher die Existenz vulcanischer Gebilde im nördlicheren Theile Nubiens bekannt, wo in neuerer Zeit eine ganze Reihe ähnlicher Gesteine, wie die am Gekdul, aufgefunden wurde. Russegger stiefs nämlich in der sogenannten grofsen Nubischen Wüste zwischen Korosko und Berber auf Massen krystallinischer Gesteine, die grofse, durch das ganze Land von Ost nach Westen ziehende Bergketten, wie z. B. den Dschebel Reft, den Mur hat el Mora, den Abu Seacha und endlich den Adraúbb bilden [1]). Der nördlichste derselben, der Dschebel Reft, besteht aus Feldsteinporphyr von röthlich gelber, röthlich weifser, schwarzer und grauer Farbe mit Krystallen von rothem Feldspath, woran sich Bergmassen von Diorit, Dioritporphyr und syenitartigem Porphyr, ähnlich dem granitoidischen Trachyt Beudants von Schemmitz in Ungarn anschliefsen [2]). Auch in der Schlucht von Taláh el Goendy am Dschebel Reft bilden Porphyre und Trachytporphyre die

---

schen Phonolithe. Diefs interessante Vorkommen wurde neuerlichst von einem der Theilnehmer an der Deutschen wissenschaftlichen Expedition nach Island, Haagen von Mathiesen mit dem Bemerken bestätigt, (Leonhard und Bronn Jahrb. 1847, 44), dafs in Island der Trachyt an mehreren Stellen in Phonolith übergehe. Indem aber zugleich bekannt ist, dafs die brennenden Vulcane dieser Insel grade ausschliefslich in der Trachytzone der Insel vorkommen, so folgt sicherlich daraus, dafs die Phonolithe an manchen Punkten der Erde in einem viel engeren Verbande gegen entschiedene Vulcane stehen, als diefs bisher nach ihrem Vorkommen in Deutschland als wahrscheinlich erschien.

[1]) Leonhard und Bronn Jahrb. 1837, 667.

[2]) Reisen II, 1, 428 und 589. Leonhard 1837, 667. An letzterer Stelle sagt Russegger, dafs die Berge des Reftzuges schwarz, spitz und schroff sind.

Wände derselben [1]), und es erscheinen zugleich in der den Dschebel Reft an der Südseite begränzenden Ebene, kleine gerundete, aus Feldsteinporphyr, Diorit, Dioritporphyr und Syenit bestehende Hügel [2]). Aehnlich ist auch die zweite, südlich dem Dschebel Reft liegende und von Osten nach Westen ziehende Bergkette, die Kette von Mur hat el Mora, theils aus ausgezeichnetem Syenit, theils aus Feldsteinporphyr gebildet [3]). Der Abu Seacha besteht gleichfalls aus denselben äufserst prallen, schwarzen, wild geformten Felsmassen [4]) und zuletzt berichtet noch Russegger, dafs in der Adraúbbkette sich majestätische Trachytdome mit glasigem Feldspath nebst Dioriten und Syenitfelsen erheben [5]), während in den Vorbergen dieses Bergzuges nur quarzreiche Syenitporphyre erscheinen. Besonders bemerkenswerth ist aber, dafs am Fufse aller dieser Felsketten Gebilde derselben Art in der grofsen Nubischen Wüste, wie am Gekdul vorkommen, und dafs namentlich auch

---

[1]) In II, 1, 589 äufsert sich Russegger dahin, dafs ein wirklich trachytischer Character sich an diesen Gesteinen nirgends ausspreche, indem der glasige Feldspath mangle, während doch in III, 289 das Gestein des Talah el Goendy ausdrücklich Porphyr und Trachytporphyr genannt wird. Auffallend ist zugleich bei dieser Behauptung, dafs der Reisende in seinem ersten Berichte aus Nubien (Leonhard 1837, 668) ganz ausdrücklich den glasigen Feldspath erwähnt, der in den schönen aus Hornblendereichem und granitoidischen Trachyt bestehenden Bergen des Dschebel Kopp in Nubien vorkommen soll. Nach den durch Russegger nach Berlin geschenkten Handstücken haben die Gesteine des Dschebel Reft eine phonolithische Natur; sie sind schwarz, von dichtem Bruche und enthalten fleischrothe Krystalle. Ganz von derselben phonolithischen Beschaffenheit erschien mir ebenfalls nach Russeggers Exemplaren das Gestein der Talah el Goendyschlucht.

[2]) Ebendort II, 1, 590.

[3]) Ebendort II, 1, 591.

[4]) II, 1, 594.

[5]) II, 1, 595.

der dasige Sandstein nach Russeggers Angaben [1]) gebrannt, gefrittet, gehoben und zur vollendeten glasigen Lava geschmolzen sein soll. Die krystallinischen Gesteine bilden in dieser Gegend ganz freistehende, haubenartige, den Sandstein durchbrechende Bergmassen, die das Niveau des letzteren noch um etwa 1900—1200 Fuſs überragen und selbst der Höhe des Gekdul nichts nachzugeben scheinen [2]). In wie weit aber mit dem Emportreten aller dieser krystallinischen Massen die Bildung der eigenthümlichen Eisensandsteine und der eisenreichen, röthlich schwarzen, kugelförmigen, die Oberfläche der groſsen Nubischen Wüste in unzähliger Menge bedeckenden Körper in Verbindung steht, ist noch nicht ermittelt, indem Russegger selbst zweifelhaft war, ob er die letzteren Gesteine zu den vulcanischen oder nur zu derjenigen rechnen sollte, in denen sich bloſse eisenhaltige Concretionen gebildet hätten [3]). Mit ersterer Ansicht, der jedoch Russegger, wie es scheint, mehr geneigt war, ist in der That der Umstand schwierig vereinbar, daſs der Nubische Sandstein, welcher südlich Dakeh in der groſsen Nubischen Wüste eine Anzahl isolirter kegelförmiger Berge bildet, noch immer horizontal geschichtet ist, und daſs grade die oberste Schicht desselben aus einem ähnlichen schwarzen, klingenden, lavenartigen, harten und äuſserst schwer verwitterbaren, kiesligen Gestein besteht [4]). Merkwürdiger Weise findet sich die Ansicht über die vulcanische Natur des hiesigen Sandsteins zugleich von zwei neueren Englischen Reisenden, James St. John und E. Hogg ausgesprochen, von denen der erste den Sand unfern Dakeh Meilen weit mit schwarzen, grauen oder rothen Lavenfragmenten bedeckt fand, die bei

---

[1]) II, 1, 568.
[2]) II, 1, 568.
[3]) II, 1, 576.
[4]) II, 1, 576.

einer Annäherung an die Hochebenen sogar an Gröfse und Zahl zunehmen und dem Beobachter genau von derselben Natur, wie die aus dem Vesuv und Etna ergossenen Masse erschienen. Selbst die schwarzen kegelförmigen Berge dieser Gegend besafsen ganz den auffallenden, eigenthümlichen Character des Vesuvs, wenn man ihn von Neapel aus betrachtet [1]). Einige derselben sind niedrig, andere mögen dem Vesuv an absoluter Erhebung über dem Meeresspiegel nichts nachgeben. Erreicht man von Dakeh und vom Rande des Nils in drei Stunden die Berge selbst, so zeigt sich die ganze ebene Oberfläche der Landschaft rings herum mit unzähligen, durch Schluchten, Thäler und enge Einschnitte von einander getrennten Kegelbergen bedeckt, welche ihrerseits mit den aus verschiedenen Krateren resp. ergossenen und ausgeworfenen Laven und Aschen bedeckt zu sein scheinen. Die Lava dürfte nach verschiedenen Richtungen einst in kleinen schwarzen aufwallenden Bächen über den Sand geflossen sein, wobei sie sich allmählig abkühlte und in ihrem Laufe erhärtete. Den höchsten von jenen zunächst dem Nil gelegenen und bis etwa 700 Fufs über das Nubische Tafelland ansteigenden Kegelbergen fand James St. John von allen Seiten mit schwarzen Felsgesteinen, Schlacken und Aschen bedeckt, die vielfach bereits zersetzt waren und deren Reste Regenbäche bis in die Ebene hinabgeschwemmt hatten, wo sie der Oberfläche des Bodens einen eigenthümlichen düstern Character verleihen [2]). Auch der gröfste Kegelberg gewährte einen über alle Beschreibung schrecklichen Anblick; sein Ersteigen war aufserordentlich schwierig. Als aber St. John auf seinen Gipfel gelangte, bot sich dem Auge ein nach des Reisenden Meinung in der Welt kaum wieder vorkom-

---

[1]) Egypt and Mohamed Ali or Travels in the Valley of the Nile 2 Vol. London 1834. I, 401—402.

[2]) Ebendort I, 403.

mender Anblick dar, indem die ganze Oberfläche der umgränzenden Wüste nach Westen und Süden zu, so weit immer das Auge reichte, mit gewaltigen schwarzen Kegelbergen bedeckt war, die theils isolirt standen, theils in Verbindung waren und Felsrücken bildeten. Wohl an zehntausend solcher Piks soll man hier mit einem Blicke haben übersehen können, aber sie schienen nur der Anfang einer Reihe ähnlicher Berge zu sein, die sich vielleicht bis in unbekannte Fernen in das Herz von Africa erstrecken. Der Krater auf dem Gipfel des von St. John erstiegenen Berges war nur flach, gleich als wäre er im Laufe der Zeit allmählig ausgefüllt worden. Gar sehr ist auch hier zu bedauern, dafs Russegger bei seinem Aufenthalt in diesen Gegenden mit James St. Johns Werk nicht bekannt war, da dessen Angaben ihn sicherlich veranlafst hätten, dem Studium dieser Gegend eine gründlichere Untersuchung zu widmen, die ihr selbst jetzt noch zu wünschen ist, da in neuerer Zeit nach Russegger kein Geognost bis hierher gelangte, und weil weder St. John, noch der gleich weiter zu erwähnende Hogg genügende mineralogische oder geognostische Kenntnisse besafsen.

Erweckt aber schon die Schilderung der geognostischen Verhältnisse der Bahiudawüste am Fufse des Gekdul, so wie die eben vorgetragene der ganz damit übereinstimmenden, aber weit davon entfernten Verhältnisse bei Dakeh die Vermuthung, dafs selbst in den zwischen beiden Localitäten liegenden Theilen Nubiens sich bei genauerer Untersuchung ähnliche Verhältnisse des Sandsteins finden dürften, so erhält in der That diese Ansicht ihre Bestätigung durch anderweitige Mittheilungen St. Johns und Hoggs, zuvörderst über einen Punkt, der südlich Dakeh, und dann über einen zweiten viel merkwürdigeren, der unweit davon noch weiter den Nil aufwärts, etwa 3 Stunden unterhalb Sebua, auf der Westküste des Flusses in Unter Nubien liegt. Bei dem ersten Punkte Bardeh oder

Bareda (23° N. B.) mit Namen traf nämlich James St. John auf unregelmäfsig gestellte, durch tiefe Schluchten zertheilte und aus geschichtetem Gesteine bestehenden Bergketten, aus denen einzelne spitz oder conisch gebildete Gipfel hervortreten, und deren oberer Theil angeblich durch Laven oder Aschenmassen gebildet wird. Die Bergketten waren schwarz von Farbe [1]). An einer Stelle derselben Localität ebenfalls auf der Ostseite des Nils sah der Reisende sogar ein Choas schwarzer Felsen. An dem zweiten Punkte bei Sebua schien dem Dr. Hogg zwischen grofsen Sandsteinmassen, die dort wie eine Cyclopische Welt auftreten, ein Strom geschmolzener Materie aus einer Spalte hervorgetreten und in der Richtung des Flusses abwärts geflossen zu sein [2]). Es war von keiner beträchtlichen Stärke und da, wo sein Lauf unterbrochen ist und der Nil einen Theil weggewaschen hat, sogar sehr dünn. Sehr bemerkenswerth ist hierbei Hoggs Beobachtung, dafs der Strom eine gleiche Oberfläche (a continued surface) hat, während der untere Theil, wo er dem Sandstein aufruht, voller grofser Hölungen ist. Letzterer erscheint überall in der Nähe desselben roth gefärbt, als wäre er geglüht. In einiger Entfernung davon, wo sich keine Spur der geschmolzenen Materie mehr darbietet, sind noch immer die Wände einer grofsen Schlucht roth, als hätte die von unten aufdringende Hitze die Färbung zu Wege gebracht — Abermals südlicher traf James St. John sogar einen dritten Punkt mit dergleichen, angeblich deutlichen vulcanischen Erscheinungen in der Nähe des Nils, fast gegenüber dem berühmten Tempel von Epsambol und zwar bei der alten Necropolis Kalat Addé, also ungefähr da auf der Ostseite des Nils, wo die schon erwähnten Nubischen Bergzüge des Reft und des Hat el Mora an den Flufs stofsen [3]). Er

[1]) Egypt I, 411.
[2]) Ebendort I, 466—467.
[3]) Ebendort I, 465—468.

sah hier nämlich eine Anhäufung höchst aufserordentlicher Felsmassen, die theils in isolirten oben spitzen oder flachen Pyramiden, theils aber auch in an beiden Enden flach abstürzenden Rücken auftreten und ihrer Färbung nach wie eine Anhäufung jugendlicher Aschen erscheinen. Schwarze oder rothe Strecken wechseln damit. Eine Stunde südlicher traf endlich St. John noch auf einen etwa ½ Engl. Meile breiten Lavastrom, der in flüssigem Zustande an manchen Stellen aufgewallt zu sein scheint, und in halbkegligen Massen erhärtet war. An anderen Stellen breitete sich dessen Masse in einer dünnen Kruste, die geschlagen wie eine metallische Platte klang, über dem Sandstein aus. Eine ungeheure, von den Bergen bis zum Nil mit senkrechten Rändern fortsetzende Kluft von 50 — 60 Fufs Tiefe, aber nur 8—14 Fufs Breite, die theilweise schon mit Sand ausgefüllt ist, mag auch nach des Reisenden Ansicht durch Erdbeben entstanden. Seitliche Spalten gehen von ihr, wie Aeste aus einem Hauptstamm aus. St. John leitet nun die Ursache zu der Bildung aller dieser Spalten von den benachbarten Vulcanen ab, welche die Abhänge der Berge und sogar die ganze Oberfläche der Wüste mit einer Fülle calcinirter Steine und schwarzer Laven bedeckten; er fand hier nämlich überall zahlreich zerstreute Fragmente schwarzer Lava und zugleich isolirte Felsen, die von den übrigen durch eine gewaltsame Erschütterung losgetrennt erscheinen. Letztere haben das Ansehen, als erhielten sie sich nur mit Mühe auf ihrer Basis. St. John meint deshalb wohl nicht ohne Grund, dafs ein Geognost hier noch ein weites Beobachtungsfeld finden dürfte, und er bezeichdie hiesige Localität, ihre Isolirtheit und ihres infernalischen Characters wegen, sogar mit dem Namen des Höllenthals (Wadi Gehenna). Auch Russegger sieht dieselbe zugleich mit dem Gekdul für die wichtigste Nubiens in Bezug auf Vulcanismus an [1]).

[1]) Reisen II, 1, 581.

Alle diese nach den genannten Englischen Reisenden und Russegger beschriebenen Phänomene erinnern, wie schon früher bemerkt war (S. 299), an das eigenthümliche Auftreten des Sandsteins am Kakundyflusse in West Africa, wo derselbe nach Belchers Beobachtungen vollkommen prismatisch zerklüftet, wie nur irgend ein vollkommener Basalt und an den Seiten sogar schlackig auftritt und der angeblich auch im Innern seiner anscheinend gangförmigen Masse sichtliche Spuren von Schmelzung darbietet, wenn auch die Masse selbst beim Zerschlagen sich nur als rother Sandstein ergibt.

Selbst an der unmittelbaren Gränze Nubiens und Egyptens fehlen dergleichen anscheinend vulcanisirte Sandsteine nicht, indem Russegger den Sandstein bei Assuan in der Nähe der Granitfelsen voller kiesliger, meist sehr eisenschüssiger Concretionen von schwarzgrauer Farbe fand, die schwierig verwittern und die Gehänge der Berge, wie mit einer dunklen Kruste bedecken. Da aber die mit diesen Concretionen erfüllten Schichten zugleich mit gewöhnlichen Sandsteinschichten wechseln [1], so ist es allerdings schwierig einzusehen, wie die Bildung jener Gesteine durch vulcanische Action erfolgen konnte, ohne dafs die zwischen liegenden Schichten einer gleichen Umänderung unterworfen wurden. Namentlich an der Südseite des Assuans soll, wie Russegger versichert, der Sandstein in der Berührung mit dem Granit, den er auf der Oberfläche eines Plateaus bedeckt, wie gebrannt oder wie ein Sandstein erscheinen, der lange einer heftigen Glühhitze ausgesetzt war. Stellenweise ist derselbe auch wohl gefrittet und ganz zur glasigen Masse geschmolzen; gleichfalls ist der ihn begleitende Thon und Mergel wie Ziegelmasse gebrannt [2]. Ebenso zeigen sich die Sandsteinschichten zunächst dem

---

[1] Reisen II, 1, 315 und 316.

[2] Ebendort II, 1, 326 und 328.

Granit zerworfen. Unläugbar ist hier der Einfluſs des Granits auf den Sandstein, sagte Russegger bei seinen ersten Beobachtungen über diese Veränderungen; ja man müſste blind sein, hier nicht vulcanischen Einfluſs zu sehen, setzt er hinzu, und endlich erzählt er, daſs er an Orte bei Assuan gekommen sei, welche diesen Einfluſs so deutlich dargeboten hätten, daſs er sich selbst nicht mehr getraut, sondern die übrigen Mitglieder der Expedition als Zeugen an Ort und Stelle gerufen habe. Dergleichen Umbildungen bei Assuan scheinen sich sogar nicht auf die nächsten Umgebungen des Orts zu beschränken, sondern noch weiter gegen Osten fortzusetzen, indem nach Russeggers Beobachtungen (?) das ganze hiesige Sandsteinplateau, aus welchem zahllose kleine Granitkegel aufgestiegen sind, sich auch in der Wüste nach dem Rothen Meere zu in einer Ausdehnung von 4 Quadratmeilen findet [1]). In der Nähe der Granitkegel erscheine hier der Sandstein überall geschmolzen. Die von dem Reisenden für Eruptionskegel angesehene Kegel sollen sich sogar in Linien ordnen, die gröſstentheils parallel laufen und eine NO. — SW. Richtung verfolgen.

Von Mandelsteinen scheint es weder im mittleren, noch im unteren Nubien ausgedehntere Massen zu geben, indem keiner der genannten Reisenden auch nur das Mindeste darüber berichtet. Deshalb ist es auch am wahrscheinlichsten, daſs die mannigfach gefärbten Kieselmandeln (Achate, Onyxe, Carneole), welche am mittelnubischen Nil und

---

[1]) Leonhardt und Bronn Neues Jahrbuch 1837, 667. Die Ausdehnung, welche hier der Reisende seinen Beobachtungen gegen das Rothe Meer zu gibt, finde ich durch seinen vollständigen Reisebericht nicht bestätigt, indem in diesem nichts darüber berichtet wird, daſs er östlich von Assuan Untersuchungen angestellt habe.

besonders schön auf der Insel Say gefunden werden [1]) und am Nil, gleich denen am Nu Garip Süd Africas, ganze Bänke, ja ein eigenthümliches festes Alluvialconglomerat bilden [2]), nicht aus Nubischen Felsmassen ausgeschält wurden, sondern ihre ursprüngliche Heimath in den Mandelsteinen der Abyssinischen Provinz Samen haben, von wo her die herabkommenden Bäche sie wahrscheinlich dem Tacazze und zuletzt dem Nil selbst zuführten. Ehrenberg fand darunter buntfarbige Jaspisse und oft dunkelrothe, verlöschenden Kohlen ähnliche Carneole. Man sammelt diese Kiesel im Nil, und sie geben, nachdem sie in Yemen geschliffen worden sind, im ganzen östlichen Africa die geschätztesten Schmucksteine ab [3]). Indessen stammen schwerlich alle gefärbte Kiesel ursprünglich aus Mandelsteinen ab, indem es eine bekannte Thatsache ist, dafs die zahllosen Kiesel, welche die Oberfläche der Egyptischen und Nubischen Wüste bedecken [4]) und durch ihre mannigfachen schönen Färbungen von den Reisenden ebenfalls Achate, Carneole und ähnlich genannt wurden, ursprünglich ausgedehnten und ebenso gefärbten Kieselschichten in den Kreidelagern angehört haben.

Im übrigen Egypten ist bisher nirgends eine solche deutliche Einwirkung der krystallinisch körnigen Massen auf Sandstein, wie man sie in Nubien nach Russeggers und der beiden genannten Englischen Reisenden Angaben sehen soll, oder auch auf andere geschichtete Gesteine beobachtet worden, obgleich es besonders im östlichsten Theile des Landes zwischen dem Nil und dem Rothen Meere ganz und gar nicht an vulcanischen oder plutoni-

---

[1]) Ehrenberg in den Abhandlungen der Berl. Acad. der Wissensch. Phys. Cl. 1827, 81.

[2]) Rüppell Reise in Nubien und Kordofan. Frankf. 1828, 17, 35.

[3]) Ebendort 35.

[4]) James St. John I, 401.

schen Gesteinen fehlt. Nur unmittelbar an einer unfern der Küste des Rothen Meeres in Ober Egypten gelegenen Schwefelablagerung, die von einer 20 Fufs mächtigen Bank angeblich vulcanischer Asche bedeckt wird, glaubte der um die Kenntnifs des östlichen Nord Africas so verdiente neuere Französische Reisende Cailleaud Spuren vulcanischer Einwirkung auf die geschichteten Gesteine wahrgenommen zu haben [1]). — In Bezug auf das Auftreten von Massen feuriger Entstehung in Ost Egypten berichteten aber die Französischen Reisenden Ficari und Husson, dafs sie dergleichen in der Nähe der Küste des Rothen Meeres, freilich nur in geringer Entwickelung und in Localitäten, getrennt durch Zwischenräume angetroffen hätten, so wie auch neuerlichst wiederum der Englische Reisende Bird am Hafenplatze Kosseir, sowohl Basalte als auch tiefer im Inneren auf dem Wege von Kosseir zum Nil an der Localität Hammamet schwarze Felsen wahrgenommen hat [2]). In den letzten Jahren ist übrigens der Landstrich zwischen dem Nil und dem Rothen Meere zu oft von Europäischen Reisenden durchzogen worden, als dafs man nicht über dessen geognostische Verhältnisse eine ziemliche Kenntnifs bereits erlangt hätte. So gab z. B. der oft genannte Rochet [3]), der in neuester Zeit gleich Bird von Kosseir nach dem Nil gezogen war an, dafs er eine Reihe zahlreicher kleiner vulcanischer Kegelberge zugleich mit Trachyten und Basalten dort beobachtet habe. Es halfen dieselben zwischen Kenneh und dem durch seine Schwefelquellen seit langer Zeit bekannten Stationsplatze Laghetta theils beide Abhänge einer Bergkette in der Nähe des Nils bilden, theils traten dieselben noch auf den höchsten Punkten der letzteren auf. Bemerkenswerth ist hierbei aber besonders, dafs

---

[1]) Voyage à l'Oasis de Thèbes et dans le Désert. Paris 1821, 31.

[2]) Journal of the Geogr. Soc. of London. IV, 203 und 205.

[3]) Sec. Voy. XXXV, 12—13, 329 und 330.

nach desselben Reisenden durch Dufrénoy mitgetheilten Beobachtungen sich hier ganz dasselbe relative Lagerungsverhältnifs zwischen Basalt und Trachyt wiederholt, wie wir es in Shoa kennen gelernt haben (S. 315), und wie es im centralen Frankreich bekannt ist, nämlich, dafs auch hier grade die höchsten Punkte aus Trachyt bestehen. Erwähntermafsen wurde Dufrénoy durch diefs constante Verhältnifs bewogen anzunehmen, dafs der in einer fortlaufenden Decke auftretende Basalt dieser Gegend durch den Trachyt durchbrochen worden sei, den er auch deshalb, wie den in Frankreich und Shoa, als das jüngere Gestein ansieht [1]). Oestlich Laghitta verliert man aber bald die Kegelberge aus dem Gesicht, und es trennt nun eine grofse Ablagerung, theils krystallinisch körniger Gesteine, z. B. von Granit, Porphyr und Syenit, theils auch von tertiären und Kreidekalken jenen Bergzug von einem zweiten ähnlichen, aus Kegelbergen vulcanischen Gesteins bestehenden, der sich eine ansehnliche Strecke unmittelbar am Rande des Arabischen Meerbusens bei Kosseir verfolgen läfst. Ziemlich in Uebereinstimmung hiermit sind die aus derselben Zeit stammenden Beobachtungen des bekannten Englischen Capitain Newbold, der in den letzteren Jahren durch seine umfassenden Untersuchungen im südlichen Vorder Indien sich ein so bedeutendes Verdienst um die geognostische Kenntnifs dieses Theils von Asien erworben hat.

---

[1]) A. a. O. XXXV u. XL. (Comptes rendus 1846; XXII, 808). Da man die hohen Bergmassen des Mont Dore, des Cantal und des phonolithischen Mezenc in Frankreich als Erhebungsberge im Sinne der neueren Geognosie ansieht, so ergibt sich dadurch in der That eine merkwürdige, schon von Dufrénoy an mehreren Stellen seines Berichts über Rochets Reise hervorgehobene Uebereinstimmung in der geognostischen Bildung von Ost Egypten mit Frankreich und Shoa und, wie wir hinzusetzen wollen, auch mit dem Shoa so ähnlich constituirten SW. Arabien und mit Island.

Auch nach Newbold schliefsen sich im östlichen Egypten Basalte und Grünsteine in Massen und Gängen an die übrigen krystallinisch körnigen Gebilde an, und es durchsetzen Gänge von Trapp und Porphyr alle dortige Gesteinmassen bis an den obersten, versteinerte Hölzer führenden Sandstein, der hiernach jünger zu sein scheint, als die Emportreibung des Trapps. Wirklich findet diese Folgerung darin ihre Bestätigung, dafs in dem erwähnten Sandstein, der von einem älteren ähnlichen in derselben Gegend wohl zu unterscheiden ist, sich bereits Trappstücke finden [1]. Ganz in neuester Zeit theilte noch Newbold nach den Beobachtungen eines Egyptischen Naturforschers Hekekyan Bey mit, dafs sich auch zwischen dem S. 323 erwähnten grofsen Porphyrstock, dem Dschebel Dukhán, und dem Rothen Meere schwarze Basalte, so wie selbst in der Nähe des Stocks schwarze und rothe Basalte finden [2].

Scheinen nun auch nach allen diesen Beobachtungen vorzugsweise Basalte in dem Landstriche zwischen dem Nil und dem Rothen Meere aufzutreten, so dürfte es doch nach den vorangegangenen Erfahrungen in den übrigen Theilen Africas kaum einem Zweifel unterworfen sein, dafs ebenso die mehrfachen Schwefelablagerungen, die man in neuerer Zeit an den Rändern des Rothen Meeres in Ost Egypten kennen gelernt hat, die zahlreichen kalten und warmen dortigen Schwefelquellen, die ausgedehnten Gyps- und besonders die schönen Alabastermassen am Nil, endlich selbst die Erdölquellen am Dschebel es Zeit ihre Entstehung sämmtlich dem gewaltigen Procefs zu verdanken haben und zum Theil noch verdanken, durch den namentlich die Trachyte gebildet wurden [3].

---

[1]) London and Edinburgh Philosophical Magazine. 1843. XXII, 223.

[2]) Journal of the Asiatic Society of Bengal. Calcutta. 1848. 585.

[3]) Wäre in der Vorzeit das centrale Frankreich im Velay und

Wenn aber auch Russegger nach seinen Untersuchungen bei Cairo mit ziemlicher Bestimmtheit in der Nähe dieser Stadt an dem Dschebel Achmár, d. h. dem Rothen Berge Beweise einstiger vulcanischer Thätigkeit wahrgenommen zu haben glaubt [1]), und eben so Rochet ganz unabhängig von ihm bei seinen Untersuchungen genau zu demselben Resultate gelangte [2]), so möchte man dennoch glauben, dafs beide Forscher sich in einem Irrthum bei ihrer Ansicht über die geognostische Natur des Berges befanden. Russegger versichert nämlich an letzterem, der sich aus der Ferne schon durch seine kegelförmigen Spitzen und eine braunrothe oder schwarze Farbe auszeichnet und der zugleich aus angeblich verglastem Sandstein besteht, wirklich deutliche Spuren eines vulcanischen Durchbruchs gesehen zu haben. Im Grunde einer gewaltigen Vertiefung

---

Vivaray mit geschichteten Kalkmassen bedeckt gewesen, so sähen wir unzweifelhaft auch dessen Oberfläche jetzt durch die aus der Umwandlung mittelst Schwefeldämpfen hervorgegangenen Gypsmassen bedeckt. Umgekehrt läfst sich mit Recht erwarten, dafs die Schwefeldämpfe in Ober Egypten nächst der Bildung von Gyps im Kalkgebiet auch die von Alaunstein in den Trachyten veranlafst haben, und dafs es also ferneren Untersuchungen gelingen wird, die Anwesenheit des Alaunsteins in den Trachytmassen Ost Egyptens und vielleicht noch an vielen anderen Punkten der Ränder des Rothen Meeres zu erweisen. Schon jetzt würde diese Vermuthung, die allerdings durch das fast überall von Schwefel begleitete Vorkommen des Alaunsteins am Mont Dore und am Ararat, in der Solfatara von Puzzuoli und bei Tolfa, in Ungarn und auf den Hinter Indischen Inseln unterstützt wird, eine sichere Basis gewinnen, wenn Dufrénoys Vermuthung, gewisse dem Alaunstein sehr ähnliche und von Rochet bei Adén gesammelte Handstücke möchten wirklich mit demselben identisch sein (Sec. Voy. XXXVII und XXXVIII; Comptes rendus 1846, XXII, 809) sich durch genauere Untersuchungen bestätigte.

[1]) Reisen I, 275—277.

[2]) Sec. Voy. 327—329.

am Dschebel Achmár von etwa 4000 Klafter Peripherie, die Russegger sogar für einen Krater zu halten geneigt war, sah derselbe noch mehrere Löcher von unbekannter Tiefe, die durch vollständig verglaste Wände gebildet wurden [1]. Auch andere Gebilde in der Nähe des Rothen Berges erkannte unser Reisende für nichts anders, als für ebenso viel verglaste und geschmolzene Massen in der Art derer, die sowohl den Gebirgszug des mit dem Dschebel Ackmár zusammenhängenden Mokattám, als auch die Oberfläche der angränzenden Wüste bilden. Russegger will nämlich den Sand der Wüste, gleichwie den eisenschüssigen sandigen Thon zwischen dem oberen Nummulitenkalk und dem Kieselkalk zusammengefrittet und geschmolzen gesehen haben, so wie er auch das dortige Vorkommen geschmolzener und verglaster Kieselkalke, verglaster erdiger weifser Kalksteine und ebenso geschmolzener Nummulitenkalke [2], die im Feuer veränderte Versteinerungen einschlossen, behauptete. Endlich fehlt fossiles Holz, ganz ähnlich dem im Mokattám und seiner Umgebung, in halbgeschmolzenem, eisenschüssigem Thon, weifse körnige gefrittete Quarzgesteine und Basaltähnliche, aber Olivinfreie Gesteine, welche letztere doch nicht anstehen, hier nach Russegger auch nicht. Im Osten Cairos gegen den

[1]) Diese Schilderung der vulcanischen Natur des Dschebel Achmár in Russeggers gröfserem Reisewerk fällt unzweifelhaft mit derjenigen zusammen, die der Reisende in seinen frühesten Berichten (Leonhards J. 1836, 691) über den im Osten Cairos gelegenen Dschebel Ahfrak gibt, in dem beide Berichte im Wesentlichen übereinstimmen und weil ein Ahfrákberg in Russeggers vollständigem Reisewerk gar nicht mehr erwähnt wird. Hat aber ein Irrthum in der Aufführung des Namens Ahfrák statt Achmar stattgefunden, so ist derselbe in der That sehr auffallend, da der Achmárberg allen Bewohnern Cairos bekannt genug ist, dafs sich bei allen anderen Reisenden die richtige Schreibart desselben findet.

[2]) Reisen I, 1, 276; Leonhard 1836, 691.

Mokattám zu soll das Gestein porphyrartig und durch Aufnahme von glasigem Feldspath zu wirklichem Trachyt werden. Wenn aber Russegger gleichzeitig versichert, dafs sogar die dortigen Nummulitenkalke zu förmlichem Trachyt geschmolzen seien [1]), so ist diefs eine Beobachtung, die bisher ihres Gleichen in der Geognosie nicht hatte und um die der Reisende zu beneiden wäre. Freilich mufs sie ihm selbst später nicht so einleuchtend mehr erschienen sein, da er in seinem Reisewerke ihrer gar nicht mehr gedenkt, und weil selbst in dem Catalog der auf seiner Reise gesammelten und niedergelegten Gebirgsarten von Russegger nur das Vorkommen ganz gewöhnlicher neptunischer Gesteine, keineswegs aber das von metamorphosirten Gesteinen und am allerwenigsten das von wahren Laven angeführt wird [2]).

Spuren von Frittung und halber Schmelzung, wie am Dschebel Achmár, behauptet Russegger, kämen aber nicht allein im Bereiche des jüngsten Sandsteins von Unter Egypten, sondern auch bei dem übrigen älteren bis Ober Egypten vor, und es bedeckten dergleichen veränderte Sandsteine grofse Flächen der Wüste und setzten sogar ganze Berge zusammen. Die Körner des Sandsteins sollen sich ganz so zusammengebacken zeigen, als durchdringe eine rein kieslige Masse das Gemenge, das durch sie all-

---

[1]) Leonhard 1836, 691.

[2]) Reisen III, 286—287. Ueber den petrographischen Character der Gesteine am Dschebel Achmár oder Ahfrák scheint der Reisende selbst nicht im Klaren gewesen zu sein, indem er in Leonhards Jahrbuch 1836, 690 wörtlich sich dahin äufsert: Man erstaune über die sonderbaren Felsgebilde, die man an dem Fufse des Berges angelangt zu sehen bekomme. Sie seien offenbar vulcanischen Ursprungs und doch keine Laven, aber auch keine sogenannte plutonische Gesteine, keine Basalte, keine Porphyre. Denn wenn auch letztere vorkämen, so bildeten sie doch nicht das eigentliche Gestein des Berges.

mählig homogener werde, bis eine harte hornsteinartige Masse von flach muschligem Bruche nnd solcher Homogenität daraus entstehe, dafs sie geschlagen wie Phonolith klingt [1]). Dergleichen eigenthümliche Veränderungen dieser von Russegger an anderen Stellen nördlich und östlich vom Mokattám jedoch als ein wahres Conglomerat von Quarz, Achat, Feuerstein, Calcedon, Hornstein und Kieselschieferbrocken (mit einigen Versteinerungen) angetroffenen Masse erinnerten den Reisenden vornämlich an die Umänderungen, welche Sandsteine erleiden, wenn sie eine Zeitlang dem heftigen Feuer eines Glas oder Hochofens einer sehr hohen Temperatur ausgesetzt sind und dadurch eine Art leichter Schmelzung erleiden. Es schien ihm in der That in der Nähe des Mokattáms, als wenn der ganze

[1]) Ebendort I, 1, 273. Dem Kenner tertiärer Sandsteine und tertiärer Quarze wird diese von der Natur der Gesteine östlich Cairo entlehnte Argumentation für deren feurigen Ursprung keinesweges einleuchtend sein. Schon die bekannten tertiären Quarzmassen von Beauchamp bei Paris zeigen ganz die Beschaffenheit, die hier Russegger von den angeblich vulcanisirten Sandsteinen versichert. Ein Gleiches nimmt man auch auf der Plateaufläche von Montmorency bei Paris wahr, wo Kieselerde aufgelöst haltende Flüssigkeit einst von oben herab in den marinen Sand des Fontaineblauer Sandsteins eingedrungen ist, ihn conglutinirt und zu einem eigenthümlichen Gestein umgewandelt hat, aus dem sich dann alle Zwischenstufen einerseits in den reinen Sand mit marinen Versteinerungen, anderseits in ein schimmerndes, homogenes Quarzgestein mit flachmuschligem Bruch verfolgen läfst. Letzteres ist der directe Niederschlag aus der erwähnten Flüssigkeit und entspricht dem bekannten Silex meulière der Pariser Geognosten. Stellenweise ist dessen Homogenität und Cohärenz so grofs, dafs Platten davon als Glocken in der Umgegend verwandt werden, indem sie geschlagen einen sehr hellen Klang geben. Bei allen solchen glasähnlich schimmernden Quarzen und Quarzsandsteinen ist aber nicht im Mindesten an eine Betheiligung vulcanischer Processe bei ihrer Bildung zu denken.

Boden unter demselben einst in einer vulkanischen Thätigkeit gewesen sei, wobei Schmelzungen und Veränderungen des Gesteins stattgefunden hätten, und er versicherte sogar in seinen frühesten Berichten ausdrücklich, dafs sich hier die mannigfaltigsten Nüancen der Schmelzung bis zur Bildung einer vollendeten Lava vorfänden, die aber eine andere, als die Lava der übrigen Vulcane sei und in welcher sich das Grundgestein, woraus sie entstand, leicht erkennen lasse [1]).

Ganz in Uebereinstimmung mit diesen Angaben Russeggers hält auch Rochet den Dschebel Achmár für einen eruptiven Berg, an dem man Spuren vulcanischen Ursprungs erkenne, und auch er sah in der angegebenen Vertiefung einen von eisenschüssiger Lava umgebenen Kraterschlund [2]). Verfolge man von dem Berge aus eine N.—SO. Richtung, sagt Rochet weiter, so bemerke man nech von Strecke zu Strecke eine ziemliche Anzahl ähnlicher Hügel, die bis etwa auf den halben Weg zwischen Cairo und Suez das Product einer alten vulcanischen Thätigkeit seien. Gleichfalls in dieser Gegend, an einer zweiten Heerstrafse nach derselben Richtung, welche den Namen der unteren führe, soll man nach Rochet abermals einen Berg vulcanischen Ursprungs antreffen.

Russeggers Schilderung dieser Verhältnisse im nordöstlichen Egypten stimmt so auffallend mit den vorhin beschriebenen Mittel und Unter Nubiens überein, dafs die Entscheidung der Frage über den Vulcanismus des einen Gebiets zugleich für den der anderen Gegend bestimmend sein dürfte. So wünschenswerth es aber nun wäre, dafs einer der zahlreichen neueren Reisenden nach Egypten und Nubien Russeggers seit beinahe 11—13 Jahre be-

---

1) Leonhardt 1836, 691, wo sogar der Ausdruck Lava zwei Mal wiederholt wird.

2) Sec. Voy. 327.

kannt wordene Beobachtungen einer genauen Prüfung unterworfen hätte, so gebricht es doch leider noch immer an einer solchen. Doch ist selbst der einzige neuere geognostische Forscher in Egypten, der eine Skizze der Verhältnisse dieses Landes geliefert hat, Capt. Newbold, den Ansichten Russeggers und Rochets über die vulcanische Natur der in Rede stehenden Gegend nicht im Mindesten günstig, indem er den Dschebel Achmár nur einen rauhen conischen Berg nennt, dessen jetziges Ansehen von dem Steinbruchsbetriebe, keineswegs aber von vulcanischen Ursachen herstamme [1]). Berücksichtigt man ferner hierbei, dafs sogar Dufrénoy in seinem Berichte über Rochets zweite Reise durch die von diesem mitgebrachten Handstücke keine Veranlassung gefunden haben mufs, sich für dessen Ansichten über die vulcanische Natur des Dschebel Achmár auszusprechen, indem er kein Wort darüber sagt, dafs ebenso kein einziger der fast unzähligen Reisenden, die in neuerer Zeit Egypten besuchten und den Weg von Cairo nach Suez längs dem Fufse des Dschebel Achmár und am Mokattám zurücklegten, von einem Vulcanismus dieser Gebirge etwas berichtet, endlich dafs selbst Prof. Ehrenberg, der längere Zeit in diesen Gegenden war, gleichfalls nicht das Mindeste von entschiedenen vulcanischen Phänomenen auf dem von ihm öfters zurückgelegten Wege von Cairo nach Suez wahrnahm, wie ich durch seine gefällige Mittheilung weifs, so ist sicherlich mit gutem Grund, wie ich glaube, gestattet an der Richtigkeit der Russeggerschen und Rochetschen Beobachtung zu zweifeln. So weit mir noch selbst ein Urtheil aus der Ansicht der durch Russegger nach Berlin gelangten Sandsteine des Dschebel Achmár zusteht, finde ich bei ihnen so wenig, wie bei denen des Nubischen Gekdul

[1]) London and Edinburgh Philosophical Magazine 1843. XXII, 221.

Veranlassung ihre Vulcanisirung vorauszusetzen. Das Gestein dieser Gegend ist nämlich ein etwas körniges, röthliches und schimmerndes Quarzgestein, das ganz einen tertiären Habitus hat und das, wenn es auch von allen bekannten Europäischen tertiären Quarzsandsteinen im äufseren Ansehen abweicht, doch nicht in so weit wiederum von ihnen verschieden ist, dafs man zu dem Gedanken an Frittung seine Zuflucht nehmen müfste. Russegger selbst scheint diefs zuletzt einigermafsen gefühlt zu haben, indem er in seinem Reisewerke ausdrücklich gesteht, dafs ihm in dieser Gegend viele Kriterien des vollendeten Vulcanismus fehlten, um sich entschieden den Ansichten über eine vulcanische Entstehung der hiesigen Gebilde zuzuneigen. So bestimmt er auch in seinen ersten Berichten in Leonhards Jahrbuch, wie angegeben war, von den Laven dieser Gegend gesprochen hatte, so sagt er doch später, dafs er hier jedes Gestein erloschener oder noch thätiger Vulcane, jede eigentliche Lavenbildung, jede Bildung von Strömen, alle bestimmt ausgebildeten Kratere, kurz die Uebereinstimmung mit einem oder dem anderen später von ihm gesehenen Vulcane in Bezug auf Gesteinsnatur, auf Bau, kurz in Bezug auf den ganzen Habitus vermisse [1]), und er wies deshalb, vielleicht nicht mit gröfserem Glücke, auf eine Möglichkeit der Umwandlung der hiesigen Gesteine durch heifse Dämpfe hin, wovon er namentlich Beispiele auf Milo beobachtet zu haben glaubte.

Ist es nun auch nach dem eben Erörterten gar zweifelhaft, dafs es in der Nähe des Rothen Meeres zwischen Cairo und Suez ausgedehnte Massen plutonischer und vulcanischer Gesteine gibt, so spricht doch die Wahrscheinlichkeit dafür, dafs es künftigen Forschungen wenigstens an anderen Punkten des nördlicheren Ost Randes des Arabischen Meerbusens aufser denen bei Kosseir gelingen wird, Gestein-

---

[1]) Reisen I, 1, 277.

massen feurigen Ursprunges zu ermitteln. Freilich fehlt uns bisher eine genauere Kenntnifs des Küstenstrichs zwischen Kosseir und Massowáh gänzlich, um etwas mehr, als eine blofse Muthmafsung hierüber zu wagen. Berücksichtigen wir jedoch, dafs auf Moresbys Charte des Rothen Meeres Rauchfangberge (Chimney Hills) etwa im 20° 35′ N. B. links von dem Nubischen Hafenplatz Salaka angegeben werden, ferner dafs drei Grade etwa südlicher Zuckerhutberge (16° und 18° 15′) und eine schwarze Spitze (Black Point in 17° 10′ N. B.) sich auf derselben Charte finden, so dürfte es nach dem Auftreten von Gesteinmassen ähnlicher Form und Natur, in dem sogenannten Feuerlande südlich Massowah (S. 308 u. 309) gar nicht ungerechtfertigt sein, eine weitere nördliche Fortsetzung des letzteren selbst über Massowáh und Suakim hinaus längs der ganzen Ostküste bis wenigstens Kosseir anzunehmen. Muthmafslich erfüllen sogar ähnliche, aus plutonischen Gesteinen bestehende Gebirgsketten, wie die im mittleren und unteren Nubien durch Russegger erforschten die östlichen Theile Nubiens im Süden des Wendekreises und bilden bis an den Rand des Meeres tretend die bis 5000 Fufs hohen Picks, welche durch die Englischen Untersuchungen an der Nubischen Küste selbst bekannt worden sind.

Links vom Nil ist dagegen bisher weder in Nubien, noch in Egypten eine bestimmte Spur vulcanischer oder plutonischer Gebilde gefunden worden und nur erst in dem Egyptischen Oasenzuge schien es nach den ausgezeichneten und zahlreichen Thermen, die derselbe enthält und nach den Schwefelablagerungen und den Erdbeben, von denen die neueren Europäischen Reisenden in der Siwah Oase Kunde erhielten [1]), wahrscheinlich, dafs sich auch dort Spuren vulcanischer Gebilde finden dürften.

---

[1]) Cailleaud Voyage à Meroë et au fleuve blanc. 3 Vol. Paris 1826. I, 86.

Wirklich traf Cailleaud zwischen der sogenannten kleinen Oase und einer ihrer südlichen el Haiz oder el Hez genannten Dependentien auf eine 4—8 Meter dicke Schicht eines angeblich vulcanischen Gesteins, eine Erscheinung, die dem Reisenden selbst auffiel und die, wie er richtig bemerkt, allerdings die Aufmerksamkeit der Geognosten verdient [1]), welche dieselbe aber in den verflossenen 30 Jahren seit Cailleauds Forschungen in diesen Gegenden immer noch nicht gefunden hat.

Höchst wahrscheinlich hängt mit diesem Auftreten thermaler und kalter Schwefelquellen in dem Egyptischen Oasenzuge noch das merkwürdige und höchst ausgedehnte Phänomen der Alaunbildung zusammen, das schon im Mittelalter den Arabischen Autoren bekannt war [2]) und noch heute nicht allein in einer südlicheren Oase Sheb, die davon ihren Namen erhielt [3]), sondern sogar bis in den Süden von Fezzan zu einer vielfachen Alaungewinnung Veranlassung gibt [3]). In der grofsen oder Chardscheh Oase war es die Egyptische Regierung, welche in der neueren Zeit die Alaunfabrication durch Europäer wieder in Gang brachte [4]). Das Erscheinen der Alaun liefernden Gesteine

---

[1]) Cailleaud I, 189.

[2]) Edrisi trad. par Jeaubert in den Mémoires de la soc. de Geogr. de France. V, 117 und 118 und Muram Mahomed Sohn Blüthengerüche in den Merkwürdigkeiten der Länder in von Zachs Monatlichen Corresp. XX, 236.

[3]) Chabbe (oder besser Sheb) signifie en Arabe de l'Alun; c'est un pays plein d'Alun, sagt Poncet (in den Lettres des Missions edifiantes. Paris 1713. Rec. IV. 8.). Auch der Deutsche Capuciner Mönch P. F. Krump, der die Oase Sheb im Beginne des verflossenen Jahrhunderts genau zu derselben Zeit wie Poncet besuchte, leitete ebenfalls den Namen derselben von dem Alaun ab, der besonders zur Winterzeit den Boden als eine sehr harte, weifse, glänzende und Schneeähnliche Lage bedecke. (Hoher und Fruchtbarer Palmbaum des H. Evangelii. Augsburg 1710, 271).

in der Oase Sheb ($23\frac{1}{2}^{0}$ N. B.) ist aber deshalb besonders von Interesse, weil Sheb dadurch gewissermafsen zu einem geognostischen Mittelgliede zwischen den nördlichen Oasen und dem fast genau in der Verlängerung der Verbindungslinie jener Oasen liegenden Lande (Dar) Fûr wird. Dar Fûr selbst und seine Umgebungen scheinen selbst mannigfache Spuren vulcanischer Thätigkeit darzubieten. So weifs man z. B., dafs es in Dar Fûr wenigstens mehrere sehr heifse Schwefelquellen gibt [1]), deren Ursprung höchst wahrscheinlich ebenso im Zusammenhange mit der Bildung des Schwefels steht, den Arabische wandernde Stämme aus dem Süden von Darfûr nach Kordofán zum Verkauf bringen, als es mit der nördlichsten Oase des Zuges, Siwah, der Fall sein dürfte. Russegger, der bei seinem Aufenthalte in Kordofan, wie Brown in Dar Fûr selbst, von diesem Schwefel Kunde erhielt, schlofs bereits daraus [2]), dafs es in jenen Landstrichen Central Africas vulcanische Gesteine

[1]) Der um die Kenntnifs des Inneren von Nord Africa höchst verdiente Britische Reisende Brown, der einzige bekannte Europäer, der bisher bis Darfur gelangte, erfuhr nämlich aus den Mittheilungen der Eingeborenen, dafs an dem 5 Tagereisen von Dar Furs Hauptstadt Kobbé gelegenen Berge Mara (Dschebel Mara), dem höchsten des Landes, sich äufserst heifse Schwefelquellen finden (Travels in Africa, Egypt and Syria from 1792—1798. London 1799, 306, 569). Berichte anderer Eingeborenen haben in neuerer Zeit das Vorkommen solcher heifsen Quellen in Dar Fur bestätigt (Abbaddie im Bull. de la soc. de Geogr. de France. 2me Ser. XVIII, 353).

[2]) Reisen II, 1, 320. Auch Rüppell hatte in Kordofan erfahren (Reise in Nubien 150), dafs an dem öfter erwähnten dortigen Koldadschí schweflige Dünste und stalactitische aus Schwefel gebildete Producte nebst einer heifsen Quelle erscheinen, alles Phänomene, die die Sage von dem Vulcanismus dieses Berges gar sehr zu bestätigen scheinen und darauf hinweisen, dafs sich an demselben wenigstens eine Solfatara findet, leider aber ebenfalls durch keinen neueren Reisenden bestätigt worden sind.

geben möge. Ist diefs richtig, so dürften allerdings von den vulcanischen Processen der Vorzeit, deren letzte bekannte Spuren gegen Westen zu wir am oberen blauen Nil in Abyssinien (S. 307) und bei Chartûm (S. 365), dann am Koldadschi in Kordofân verliefsen, sich noch mannigfache andere Phänomene in diesen Binnenländern des Continents finden lassen. So scheint es z. B. schon nach Rüppells Erkundigungen in Kordofan plutonische, prismatisch zerklüftete Gesteine in Darfûr zugeben [1]), und ebenso spricht für diese Vermuthung der Umstand, dafs ein in neuerer Zeit erkundeter grofser, im Westen Dar Fûrs gelegene See, der Caudie, angeblich zuweilen mit heifsem Wasser siedet, mit grofsem Getöse aufbraust, oft die angränzende Landschaft überschwemmt und grofse Mengen von Fischgräten und anderen Massen auswirft [2]), ohne dafs jedoch dabei von Feuer die Rede wäre. Muthmafslich führt dieser Caudie bei den Arabisch redenden Eingeborenen auch wohl den Namen Heimed oder Bahr Heimed, d. h. heifser See [3]). Schon Ritter, dessen bewunderns würdig umfassendem Blick in dem weiten Reiche der Naturforschung selbst nichts Bemerkens-

[1]) Reisen in Nubien 171. Rüppell erfuhr nämlich, dafs sich an dem eben genannten Berge Mara in Darfur Säulen zugleich mit aus behauenen Steinen gebauten Mauern finden. Schon er folgerte aus diesem Vorkommen die Wahrscheinlichkeit einer Verbreitung von Säulenbasalten.

[2]) Nach den Erkundigungen Hutchinsons, des ehemaligen Britischen Consuls im Achantilande (E. Bowdich Mission from Cape Coast Castle to Ashantee. London 1819, 203), der sogar das Wasser und die Fischgräten aus einem Vulcan ausgeworfen sein läfst, so dafs Bowdich in dem Caudie einen vulcanischen See erkennt. Wäre dies gegründet, so fänden wir hier eine Wiederholung der vulcanischen Seen Nord Abyssiniens und Shoas.

[3]) Auf Browns Charte wird nämlich ein Heimedsee (nach dem Arabischen Hamimet, was heifses Wasser nach Freitag bedeutet) grade dahin gesetzt, wo nach Hutchinson auch der Caudie zu suchen wäre.

werthes entgeht, erinnert [1]) bei diesen seltsamen Eruptionsphänomenen im Innern des Continents an die ähnlichen Wasser- und Fischauswürfe der Vulcane Quitos [2]), die wir durch Humboldt zuerst kennen gelernt haben [3]).

Mit viel gröfserer Bestimmtheit ist aber die Verbreitung vulcanischer oder plutonischer Gesteine in den nördlicher gelegenen Strichen des Binnenlandes von Africa bekannt, indem zuvörderst der verdiente Deutsche Reisende Hornemann unter dem Namen des schwarzen Harutsch ein aus Basalt bestehendes Gebirge auf seinem Wege von Cairo nach der Oase Fezzân kennen lernte [4]) und

---

[1]) Erdkunde I, 497.

[2]) Bemerkenswerth ist auch eine an die Wallungen dieses Caudie erinnernde Notiz des Französischen früher erwähnten Missionars Arbousset (a. a. O. 346), nach dessen Erkundigungen nämlich sich im Lande der Bapéris Betschuanen (etwa im 21° S. B.) ein Süfswassersee von etwa ½ Stunde Umfang findet, der keine Fische führt, des Morgens und Abends angeblich raucht, von den Eingeborenen verlassen ist und bei ihnen den Namen Malabéla, d. h. die Wallungen (les bouillons) oder auch Béla-béla-a-malouti, d. h. das Koch-koch der Berge (Bout-bout des montagnes) führt. Arbousset setzt hinzu, dafs diefs Wasser hinlänglich die Gegenwart unterirdischer Feuer, von denen jedoch die Landesbewohner nicht den mindesten Begriff hätten, erweise, eine Vermuthung, die vielleicht nicht unrichtig ist, wenn die Erkundigungen der Reisenden über dortige Spuren alter Kratere und basaltischer Felsen (S. 278, 293) gegründet sind.

[3]) In der Gegend des Caudie liegt ein anderer grofser See, dessen Name häufiger von den neueren Reisenden erkundet worden ist, mit Namen Fittre in nur 4 Tagereisen Entfernung von dem Ostrande des grofsen Binnensees Tsad. Nach den durch den gleich weiter zu erwähnenden Capt. Lyon von den Eingeborenen eingezogenen Nachrichten gibt es aber 5 Tagereisen SW. vom Fittre einige sehr hohe schwarze, muthmafslich also basaltische Felsen mit Namen Muddago (Lyon a Narrative of travels in Northern Africa in the years 1818, 1819 and 1820. London 1821, 231).

[4]) Voyage dans l'Afrique septentrionale par Langlès. Paris 1802, 81, 82, 87, 93 u. s. w.

auch dasselbe an der Ostgränze der letzteren überschritt. Er nannte diesen Bergzug Harutsch el assuat [1]), d. h. den schwarzen Harutsch und sah ihn bestehend aus zerrütteten, nackten, schwarzen, schaudervollen Felszügen. Das Gestein des Harutsch war im Uebrigen theils ganz dichter und schwerer Basalt, theils enthielt es auch viele kleine Löcher und Poren. Beide Arten desselben traten mit einander gemischt auf. In der Nähe der Harutsch fand Hornemann, der beinahe 50 Stunden brauchte, ihn zu durchreisen, die Oberfläche des Bodens mit Blöcken des beschriebenen Gesteins bedeckt; unmittelbar unter der sandigen Oberfläche traf er wiederum auf eine Erdschicht, die auf den ersten Anblick der von feuerspeienden Bergen ausgeworfenen Asche sehr ähnlich war. Aufserdem beobachtete der Reisende hier lockere, schwammige, rothe kleine Steine, die Aehnlichkeit mit Schlacken oder auch mit gut ausgebrannten Ziegelsteinen hatten. Nach diesen Angaben scheint in der That die Vermuthung desselben, dafs der schwarze Harutsch seinen Charakter vulcanischen Ausbrüchen zu verdanken habe, gar nicht unwahrscheinlich. Die ganze Masse des Gebirges dürfte zugleich auch einer Erhebung durch die Kreide und die tertiären Kalke, welche beide bekanntlich einen grofsen Theil des nördlichen Africas von Egypten an durch die Cyrenaica und Tripolis bis Algerien bilden, ihr jetziges Auftreten auf der Oberfläche verdanken, indem Hornemann von den aus dem Boden hervortretenden Felsen und den Steinen, welche er zunächst jenen schwarzen Massen auf seinem Wege durch die Kalkebene des Harutsch el Abiad (d. h. des weifsen Harutsch) antraf, angibt, dafs sie von aufsen und im Bruch wie glasirt erschienen, die muthmafslich also halb geschmolzen waren; eine an den Rändern der durch Basalte

---

[1]) Der Ursprung des Namens Harutsch (Harudsche) wurde bereits S. 330 erklärt; assuat (assoud) heifst im Arabischen schwarz.

durchbrochenen Kalkmassen bisher in der That noch nirgends in diesem Umfange beobachtete Erscheinung. Hornemann nennt übrigens den schwarzen Harutsch die vielleicht merkwürdigste aller Gegenden, die sich ihm auf seiner Reise dargeboten hatten [1]). Kein anderer Reisender hat denselben nach Hornemann besucht, doch ist es bemerkenswerth für diesen vulcanischen Gebirgszug am Ostrande der Oase, dafs auch Capt. Lyon in Murzuk, der Hauptstadt Fezzâns, von der Existenz kochender Heilquellen mit der wundervollsten Wirksamkeit [2]) und von Schwefellagern [3]), die sich zu Tibesti an der Südostgränze Fezzâns vorfinden sollen, Kunde erhielt. Sicherlich nicht ohne Grund erkannte Lyon bereits in diesem Zusammenvorkommen von Thermen und Schwefel eine interessante Hindeutung auf den vulcanischen Ursprung der Berge um Tibesti [4]).

Die Verbreitung der Basalte und vulcanischen Gebilde scheint überhaupt in diesem Theile Africas sehr bedeutend zu sein, indem zuvörderst der ebengenannte Lyon, dann Denham und Clapperton und endlich neuerlichst wiederum der Engländer Richardson noch an dem Nordrande Fezzâns ganz ähnliche ausgedehnte basaltische Bergreihen angetroffen und bis zur Seeküste bei Bengasi und bis Tripolis selbst fast ununterbrochen verfolgt haben. Die früheste Kenntnifs dieser Bergketten finden wir bei Plinius, der bereits im Garamantenlande, dem heutigen Fezzân, einen Mons ater anführt und hinzusetzt, dafs derselbe seinen Namen nur wegen seines, wie er meinte, durch die Sonne verbrannten Wesens erhalten habe [5]). Wenige Jahre

---

1) A. a. O. 86.
2) A. a. O. 230.
3) Ebendort 230 und 270.
4) Ebendort 230.
5) Hist. nat. V, 5.

vor Hornemanns Reise wurde schon die Existenz ansehnlicher schwarzer vulcanischer Gesteinmassen im Fezzanschen durch die Mittheilungen eines Eingeborenen Ben Ali wahrscheinlich gemacht, indem dieser einem Agenten der Africanischen Gesellschaft zu London von einer vier Tagereisen langen Wüste mit schwarzen nackten Felsen in diesen Gegenden erzählte [1]. Von Hornemanns Beobachtungen über die nördliche schwarze Kette ist nichts bekannt worden, obwohl dieselbe von ihm, dem ersten Europäer überhaupt, auf seinem Wege von Mourzouk nach Tripolis überschritten wurde, indem von des Reisenden Tagebüchern über diesen Theil seines Zuges sich gar nichts erhalten hat. Nur zufällig erwähnt er, dafs er den Harutsch el Assoud auf seinem Wege von Fezzân nach Tripolis wiedergefunden und gehört habe, dafs sich derselbe noch viel weiter nach Westen erstrecke [2]. Aus den Berichten der genannten Englischen Reisenden ist uns aber in neuerer Zeit eine ziemlich umständliche Kunde über diefs schwarze Gebirge am Nordrande von Fezzân geworden, woraus sich allerdings mit hoher Wahrscheinlichkeit die Richtigkeit der schon von Hornemann angedeuteten Vermuthung ableiten läfst, dafs nämlich das nördliche schwarze Gebirge mit dem von ihm allein besuchten Harutsch el Assouad zusammengehört und mit ihm nur eine einzige grofse Gebirgskette bildet. Seiner Farbe nach führt das nördliche Gebirge bei den Eingeborenen noch heute, wie zu Plinius Zeit, den Namen des schwarzen Berges (Dschebel Assoud oder Soudáh [3])). Deutlich ergibt sich aber hieraus, wie vom Alterthume bis in die neueste Zeit in Africa die eigenthümlichen Charactere einer Localität meist auch die Unveränderlich-

---

[1]) Proceedings of the African Association. London 1790. 84.

[2]) A. a. O. 87, 92.

[3]) Denham XXVIII, XXIX. Soudáh ist nur das Femininum von Assoud, so dafs beide Namen gleichbedeutend sind.

keit des Namens derselben zur Folge gehabt haben. Südlich von Sockna, dem Gränzorte der Oase Fezzân gegen Tripolis, erhebt sich sofort der in Rede stehende Gebirgszug mit hohen Basaltfelsen da, wo ihn Lyon durchzog [1]. Seine Breite gibt dieser Reisende zu 100 [2], Dr. Oudney in grader Linie nur auf etwa 35 Englische Meilen an, obwohl der vielen Krümmungen des Weges wegen man 3 Tagemärsche nöthig habe [3], um ihn zu durchziehen. Seine Erhebung über die Meeresfläche schätzte Lyon auf ungefähr 1500 Fufs, wogegen die Höhe der Berge über dem Thale, welchem Denham, Oudney und deren Reisegesellschaft folgte, nur etwa 4—600 Fufs betrug [4]. Die Oberfläche dieses Dschebel Assoud ist vollkommen unfruchtbar, seine Massen von unregelmäfsiger Form, wild zerrissen und stellenweise durch gewaltige Klüfte in regellos gestaltete Massen zertheilt [5]. Einzelne pfeilerartige, senkrechte oder auch überhängende und gebogene Felsen gewähren zuweilen einen grandiosen Anblick. Andere treten in Kegeln auf. Im Allgemeinen sind jedoch die Gipfel aller dieser Bergmassen flach, tafelförmig, so dafs sie hin und wieder Hochebenen bilden, die mit kleinen sphärischen und schimmernden Fragmenten bedeckt sind [6]. Die Hauptmasse dieser schwarzen Berge ist aber gar nicht Basalt, sondern der in der ganzen Umgegend anstehende Kalkstein [7], dessen seitliche Wände in den Felsmassen sehr steil ansteigen; nur der Gipfel besteht aus tafelförmigen Basalt, von dem Fragmente zugleich alle Abhänge des Gebirges, der

---

[1]) A. a. O. 81.

[2]) S. 363.

[3]) Denham and Clapperton Narrative, XXIX.

[4]) Denham and Clapperton XXIX.

[5]) Denham XXIX.

[6]) Lyon 363.

[7]) Denham XXVIII, XXIX.

einzelnen Berge vor demselben und auch die Oberfläche der Ebenen an seinem Fufse bedecken [1]). Nach Bucklands Untersuchung der durch Lyon theils hier, theils an dem gleich zu erwähnenden, nördlicher gelegenen Gharianbergzuge gesammelten Handstücke ist der Basalt fast schwarz und hin und wieder porös durch kleine kegelförmige Poren, die sich mit magnesiaführendem Kalk erfüllt zeigen. In Folge der Zersetzung zerfällt derselbe in kleine sphärische Fragmente von ziemlicher Härte, deren Oberfläche zuletzt bei noch längerer Einwirkung der Temperatur wie glasartig und polirt erscheint [2]). Der Weg, dem Lyon durch das Gebirge folgte, war ebenfalls mit grofsen Basaltblöcken bedeckt; er führte durch ein Thal, das ganz das Ansehen eines vulcanischen Kraters hatte [3]). Nordwestlich von seinem Wege bemerkte abermals derselbe Reisende einen einzelnen, merkwürdig hohen und schwarzen Berg, den die Landesbewohner gleichfalls seiner Farbe wegen dem Namen el Kohol, d. h. der Schwarze geben [4]). Aber sogar noch in den Sandebenen am Südrande des Gebirges bieten sich deutliche Spuren dar, dafs Basaltmassen unter der Oberfläche fortsetzen, indem Lyon zuvörderst an dem Halteplatze Gheranfala des Caravanenweges nach Mourzouk kleine hervortretende Basaltfelsen [5]), dann Anhäufungen von Basaltblöcken und zuletzt eine felsige schwarze ebene Strecke wahrnahm [6]). Hier zeigte sich zugleich nach Lyons Bericht eine eigenthümliche, etwa 10 Fufs breite und 500 Yards lange Felsreihe, die muth-

---

1) Denham XXIX; Lyon 81.

2) Lyon 362.

3) S. 81.

4) S. 82, 308.

5) Ebendort 85. Nämlich unfern Zeighan (Denhams Zeghren) unter dem 27° 10′ N. B., dem südlichsten Punkte überhaupt der Fezzânoase, wo wir mit Bestimmtheit anstehenden Basalt kennen.

6) Ebendort 307.

mafslich nur die Ausfüllungsmasse einer von Norden nach Süden aufgerissenen Spalte ist, indem sie aus einem den Vesuvischen Schlacken ähnlichen Gestein besteht [1]). Einer unmittelbar am südlichen Fufse des Gebirges gelegenen Stelle in der Ebene gaben sogar die Landesbewohner der schwarzen kleinen Röllinge wegen, womit sie bedeckt ist, den Namen El Maitba Soudáh [2]).

In welchem Theile Nord Africas endlich der geschilderte grofse Basaltzug endigt, ist bisher noch nicht erforscht worden, doch fehlt es wenigstens in der Sáhara nicht an ähnlichen basaltischen Gebirgen. Der neueste Reisende in diesen Gegenden, Richardson, berichtet nämlich, dafs er eine lange, von schwarzen basaltischen Bergen gebildete Kette, Namens Warerat eine halbe Tagereise von der im Westen Mourzouks gelegenen kleinen Oase Ghat angetroffen habe [3]). Sie bildet hier eine Scheide zwischen den beiden grofsen Volksstämmen dieser Landstriche, den Tibbos und den Tuariks. Aufserdem sah derselbe Reisende [4]) in der Sahara noch eine zweite von jener verschiedene Basaltkette, die aber mit ihr dieselbe Richtung von Norden nach Süden verfolgt, während der Dschebel Assoud seine Richtung von Ost nach West, wie vermuthlich eine solche auch ein Theil des schwarzen Harutsch hat.

Aber sogar noch weiter im Norden des Dschebel Assoud nach der Küste des Mittelmeeres zu fehlt es an dergleichen Gebilden feurig flüssigen Ursprungs nicht, indem Oudney und Lyon ziemlich ausgedehnte und mächtige Massen davon fast von Tripolis an bis zum Fufse des erwähnten Gebirges verfolgen konnten. Schon der Ort Benioled auf dem Wege von Sockna nach Tripolis zeigt ganz

[1]) S. 306.

[2]) Lyon 83, 308.

[3]) Travels in the Great Desert Sahara in the years of 1845 and 1846. 2 Vol. London 1848. I, 440.

[4]) Ebendort II, 270.

ähnliche Verhältnisse, wie der Dschebel Assoud. Er liegt nämlich in einem Thale von Bergen umgeben, die eine Höhe von 4—600 Fufs über dem Thale erreichen und wesentlich aus Kalk bestehen, auf ihrem Gipfel aber Grünsteine und Mandelsteine oder horizontale Decken rauher poröser Lava selten von etwas mehr als einigen Fufs Stärke tragen, so dafs, wenn man eben den Gipfel erreicht hat, sich dem Auge eine sehr ausgedehnte schwarze Ebene von traurigem Anblick darbietet [1]. Bereits Oudney, dem wir fast die einzigen geognostischen Notizen über die Umgebungen dieses Punktes verdanken, bemerkte, dafs alle Felsen dort höchst wahrscheinlich in der Vorzeit nur eine einzige zusammenhängende Masse gebildet haben, die durch Erdbeben oder vielleicht auch nur durch Auswaschung in einzelne Felsmassen getrennt wurde [2]. Dem zufolge scheint auch in diesen Theilen von Africa ganz ein ähnliches Verhältnifs, wie in Süd Africa und wie in Europa in der Umgebung von Clermont (in der Auvergne) stattgefunden zu haben, so dafs höchst wahrscheinlich alle diese Basaltdecken nur einem einzigen immensen Ergusse feurig flüssiger Massen von unten auf durch eine Spalte ihren Ursprung verdankten. In Tripolitanien, wie in Süd Africa, dienen übrigens die vereinzelten oben tafelförmigen und schwer ersteiglichen Felsen den Landesbewohnern zum Bau von Castellen [3] oder in Zeiten der Gefahr als natürliche Festungen. Bei Benioled bemerkte endlich Oudney noch schöne Fragmente von gestreiftem Jaspis und kleine Stücke Carneol, was erweist, dafs die dortigen Gesteinmassen unter ihren Mandelsteinen selbst solche enthalten, die Kieselmandeln führen [4]. — Bald hinter dem ge-

---

[1]) Denham XV.

[2]) Ebendort XV.

[3]) Denham XV.

[4]) Nicht unbemerkt darf es bleiben, dafs auch Lyon (S. 363)

nannten Orte gegen NW. zu und nur wenige Tagereisen von Tripolis trifft man auf das schon einmal erwähnte Gha-

---

in der Ebene am südlichen Fufse des Dschebel Assoud bei Zeighan einen nicht abgerollten Achat antraf, indem diefs wiederholte Vorkommen von gefärbten Kieseln im alten Garamantenlande am natürlichsten einen Aufschlufs über die Natur der im Alterthume hoch berühmten und von vielen Autoren zum Theil mit wunderbaren Ausschmückungen erwähnten Carthagischen Steine führt. Nach den Mittheilungen nämlich von Strabo (Ed. Casaub. II, 835), Plinius (hist. nat. XXXVII, 25), Theophrast (de lapidibus. Ed. Schneider I, 690), Petronius (Satyricon c. 55) und in späteren Jahrhunderten bei dem h. Epiphanius (de Gemmis Ed. Par. 1622, 227, 333) waren diese Steine, die, wie Plinius berichtet, grade ihrer Färbung wegen zu seiner Zeit auch den Namen Carbunculi führten, von feuerrother Farbe. Schon Plinius stellte die Carbunculi aus dem Garamantenlande oder unserer Oase Fezzân mit Indischen zusammen, ein Beweis, dafs man schon damals Werthsteine dieser Art gleicherweise in Indien und in Africa kannte. Unzweifelhaft dienten diese bunten Kiesel im Alterthume in Nord Africa, wie noch heute die im Nil gefundenen im östlichen Theile des Continents (S. oben S. 382), als Schmuckgegenstand, und es ist deshalb nicht zu verwundern, dafs dieselben auch Carthagische Steine genannt wurden, weil sich unzweifelhaft die Carthager, das thätigste Handelsvolk des Alterthums in Nord Africa, vorzugsweise mit dem Vertriebe derselben befafsten. Auf diese Weise ist meiner Meinung nach Theophrasts Angabe, dafs der Carthagische Stein aus Carthago kam (*ἄγεται ἐξ Καρχηδόνος*) am Besten zu verstehen, nicht aber durch die Annahme, dafs er im Carthagischen Gebiet selbst seinen Ursprung gehabt habe. In der That sagt auch Strabo ganz bestimmt, dafs die Carthagischen Steine aus dem Garamantenlande gebracht wurden. Muthmafslich waren es die alt Carthagischen Colonien Lebeda, Tripolis u. s. w., welche im Alterthume den Handel des Küstenlandes mit den Garamanten ebenso vermittelten, wie noch heute Tripolis vorzugsweise den Handel mit Mourzouk führt. Ueber das Wesen der erwähnten Steine hat es gar verschiedene, schwerlich aber, mit Ausnahme einer der neuesten, der von Ehrenberg, eine richtige Ansicht gegeben.

riangebirge, wovon einige höhere Gipfel conisch sind [1]) und das unzweifelhaft auch theilweise aus Basalt besteht, indem Lyon den Weg, der zunächst zu den Gharians führt, mit Basaltfragmenten bedeckt fand [2]) und Gelegenheit hatte, sich zu überzeugen, dafs einer von ihren Kegelbergen, welcher der schwarze Hund (El Kelb Assoud) genannt wird [3]), zugleich mit anderen wirklich aus Basalt besteht. Dafs endlich selbst diese Basaltmassen einem gewaltsamen feurig flüssigen Ergusse inmitten eines Kalksteingebiets ihren Ursprung verdanken, scheint sich in der That durch die Beobachtung Lyons, dafs überall in diesen Gegenden Kalkstein das herrschende Gestein ist [4]), theils besonders dadurch zu bestätigen, dafs der Reisende in einer Localität die Oberfläche mit zahlreichen losen wie gefritteten Fragmenten bedeckt fand [5]), und endlich dadurch, dafs zwischen Benioled und Sockna dem Capt. Lyon eine 8 Englische Meilen lange Kluft ganz das Product einer convulsivischen Bewegung der Natur zu sein schien [6]). Ausgedehnte und reiche Schwefelablagerungen zunächst der

---

Der gelehrte Erklärer des Plinius, Hardouin (Ed. Hard. 1685. V, 387), glaubte nämlich, dafs es die heutigen Rubine seien, von denen aber bisher in Nord Africa noch keine Spur gefunden worden ist; Dureau de la Malle, der neueste Autor, der sich damit beschäftigte (Recherches sur la topographie de Carthage. Paris 1835, 251), hielt sie, ebenso wenig wahrscheinlich, für Granaten, während Ehrenberg durch die oft dunkelrothe und, wie er ausdrücklich sagt, verlöschenden Kohlen ähnliche Färbung der Kieselmandeln im Nubischen Nil bestimmt wurde, darin die Carthagischen Steine, so wie die Carbunkeln des Plinius und Epiphanius zu erkennen.

[1]) Lyon 21.

[2]) S. 23.

[3]) S. 23.

[4]) Lyon 25, 323.

[5]) Ebendort. 65.

[6]) Ebendort. 33.

Küste und auch die in neuerer Zeit fast zuerst bekannt gewordenen Thermalquellen Tunesiens hart an der Tripolitanischen Gränze stehen sicherlich ebenfalls mit dem Bildungsprocefs der hiesigen vulcanischen oder plutonischen Gesteinmassen in inniger Verknüpfung.

Südlich Mourzouk nach Bornou zu hat man die Verbreitung vulcanischer Gesteine noch an keinem Punkte mit Bestimmtheit kennen gelernt, obwohl Hornemann bereits nach seinen Erkundigungen mittheilt, dafs sich dort ein schwarzes Gebirge finde, das ein sehr kaltes Klima habe und den Einwohnern von Mourzouk Eisen liefere. Nach Oudneys Beobachtungen erhielten nämlich dort auch die eisensteinreichen Sandsteinfelsen durch den Einflufs der Atmosphäre allmählig eine schwarze schimmernde Oberfläche, die sie den Basalten dieser Gegend, wie er ausdrücklich sagt, ganz ähnlich macht [2]. Diese Aehnlichkeit der Sandsteine und Basalte mag dadurch sogar noch mehr gesteigert werden, dafs die vereinzelten Berge im südlichen Fezzân meist eine conische Gestalt haben [3], und dafs die Sandsteinberge auf ihrem Gipfel dort grade ebenso fein prismatisch zerklüftet sind, als trügen dieselben Basaltkappen [4].

Weiter im Westen ist das Auftreten vulcanischer Gesteinmassen zunächst in Tunesien und im östlichen Algerien bisher noch nicht festgestellt worden, wiewohl an dem Vorhandensein derselben gar nicht zu zweifeln ist, wenn man nur an die ungemein grofse und bei fortschreitender Kenntnifs des Landes immer mehr wachsende Zahl heifser und starker Quellen und zugleich an die Nähe eines so entschieden vulcanischen Punktes, wie die Insel Pantellaria ist, und an die mannigfachen neueren Anzeichen sub-

---

[1]) A. a. O. I, 86.

[2]) Denham I, 7, 8 u. s. w. Deshalb ist auch Lyons Angabe von Basaltmassen zu Mejdol südlich Mourzouk (222) gar problematisch.

[3]) Oudney bei Denham 10, 12.

[4]) Oudney bei Denham I, 14.

mariner vulcanischer Thätigkeit zwischen diesem Theile des Nordrandes von Africa und Sicilien denkt. Dennoch ist den Angaben über das Vorkommen von Basalten zunächst der Küste nur mit Vorsicht Vertrauen zu schenken, indem sowohl den älteren Beobachtungen von Poiret zufolge, als auch nach den neueren von Renou Sandsteine einen Theil der Vorgebirge an der östlichen Küste von Algerien bilden, die so eisenreich sind, dafs da, wo auf der Oberfläche der Felsen durch die Wellen Höhlungen hervorgebracht wurden, diese mit einem Zoll dicken eisenschüssigen rothen oder braunen Ueberzuge bekleidet waren [1]). Es wäre demnach gar nicht unmöglich, dafs diese eisenreichen Sandsteine, welche Renou für tertiäre erklärte [2]), gleich den eisen- und manganreichen Molassesandsteinen OberBayerns und gleich den älteren Sandsteinen Süd Fezzâns sich stellenweise selbst mit einem schwarzen Ueberzuge auf der Oberfläche in Folge atmosphärischer Einwirkung bekleidet und so den ungeübten Beobachter zu der irrigen Annahme von der Existenz von Basaltfelsen an der hiesigen Küste veranlafst hätten. Gibt also bereits Poiret an, dafs gegen das Sieben Vorgebirge hin braune und schwarze Sandsteine anstehen, so ist in der That Grund zu vermuthen, dafs selbst das Cap Ferro aus ähnlichen Massen gebildet ist, und es bedarf demnach gar sehr einer genauen Untersuchung, ob die in neuerer Zeit von dem Französischen Schiffscapitain Bérard in seiner nautischen Beschreibung des Mittelmeeres angeführte zuckerförmige Felsinsel am Cap Cavallo zwischen Philippeville und Bugia [4]) und die anderen niederen schwarzen Felsen zunächst

---

[1]) Poiret Voyage en Barbarie. 2. B. Paris 1789. I, 276—277.

[2]) Annales des Mines. 4me Ser. IV, 532.

[3]) Schafhaeutl in Leonhard und Bronn Jahrb. 1846, 667.

[4]) Description nautique des côtes de l'Algérie ausgezogen von Elie de Beaumont in den Comptes rendus de l'Academie de Paris. 1838. VII, 179.

dem letzteren wirklich basaltische sind. Gleicher Zweifel gilt von dreien noch mehr im Westen gelegenen niedrigen schwärzlichen Felsen am Cap Sigale, obwohl Bérard ausdrücklich am Cap Fégalo nächst basaltischen sogar noch trachytische Gesteinmassen beobachtet zu haben versichert [1]). Abermals westlich vom Fégalo Cap lernte endlich auch derselbe Forscher eine Insel mit solchen Gesteinen kennen, die prismatisch zerklüftet und dadurch Basalten ähnlich waren [2]).

In der Nähe der Stadt Algier ist übrigens das Vorkommen vulcanischer oder ächt plutonischer Gesteinmassen bereits seit längerer Zeit bekannt, und die neueren, zuverlässigen Beobachtungen haben gleichfalls erwiesen, dafs dergleichen noch weiter im Westen vorhanden sind. So traf bereits der bekannte Französische Geognost Rozet 6 Stunden östlich von Algier am Cap Matifou und bei der alten Stadt Rustonium anstehende Trachyte von gräulicher Farbe [3]), zu welcher Entdeckung Rénou neuerlichst die Kenntnifs granitoidischer Trachytmassen um Oran, ferner von Basalten, die er zwischen Oran und Tlemsen fand und endlich die von ähnlichen Gesteinen und von Schlacken auf der der Mündung des Tafnaflüfschens im westlichsten Algerien gegenüberliegenden Insel Raschgoun fügte [4]). Ist aber die letzte Angabe, wie nicht zu bezweifeln, wirklich richtig, so dürften allerdings die von Bérard an den Rändern der Bucht, worin Raschgoun liegt und die Tafna mündet, wahrgenommenen zahlreichen schwarzen Inseln basaltische sein [5]). Dafür finden wir sogar eine wesentliche Unterstützung in dem Umstande, dafs die nahen, an der äufsersten West-

[1]) Ebendort 180.

[2]) Ebendort 180.

[3]) Boué, Rozet et Jobert Journal de Géologie. Paris 1830. III, 89 und Comptes rendus VII, 174.

[4]) Annales des Mines. 4me Ser. IV, 538 und 539.

[5]) Comptes rendus. VII, 181.

küste Algeriens gelegenen Zafarinas Inseln nach Webbs und Berthelots Untersuchungen wesentlich auch aus Trachyt bestehen. Andere Beobachter erklären nicht minder die Zafarinas für vulcanisch, so dafs deren geognostische Natur in Verbindung mit den vielen Thermen der Provinz Oran und mit den dortigen Trachyten bestimmt darauf hinweist, dafs es in dem der Küste vorliegenden Theile des mittelländischen Meeres einen breiten vulcanischen Zug gibt, zu dem aufser Raschgoun und den Zafarinas muthmafslich selbst die mitten zwischen Spanien und der Küste Nord Africas liegende entschieden vulcanische Insel Alboran [1]) gehört, und der sich selbst auf dem Festlande Spaniens durch die vulcanischen Districte am Cap de Gate in Andalusien, durch die öfters wiederholten Erdbeben um Orihuela in Murcia und endlich durch die ebenfalls Murcia angehörenden Basalt-, Trachyt- und Alaunsteinablagerungen bei Carthagena und Almazarron kund geben dürfte [2]). Ist diefs richtig, so möchte es sogar in Marocco nicht an ähnlichen Gebilden fehlen, und es erscheint dadurch Lemprières (S. 303) mitgetheilte Nachricht von dem Vorkommen noch brennender Vulcane gar nicht mehr so unglaubhaft, obgleich freilich keine neuere Nachricht hierzu eine Bestätigung liefert.

Vielleicht gehört in die Verlängerung eben dieses Zuges noch die durch ihr Kraterbassin so interessante Insel Columbretes an der Küste von Valencia, von der wir durch den um die Hydrographie des Mittelmeers so verdienten Capt. Smith die erste Kunde erhielten.

---

[1]) Webb und Berthelot in den Comptes rendus VII, 181. Vor ihren Forschungen hatte bereits längere Zeit vorher L. v. Buch gemuthmafst, dafs ein Theil der diesem Theil der Africanischen Küste vorliegenden Inseln aus Trachyt und vulcanischem Tuff bestehen möchte (Comptes rendus VII, 164).

[2]) Sauvage in den Ann. d. Min. 4me Ser. IV, 98, 101, 109.

Druckfehler und Nachträge.

Zu S. 7 Anmerk. 1. Ich sehe, dafs bereits Al. von Humboldt selbst im Kosmos I, 454 die Stelle des Justinus mit der citirten des Bembo zusammengestellt hatte.

Zu S. 8 Z. 12 von oben und Anm. 2. Auch im Texte des de Bryschen Auszugs aus Lopez S. 26 werden in der zu Congo gerechneten Landschaft Batta dieselben Montes Quemados aufgeführt. Auffallend ist es freilich, dafs Bruns, dem für seine ungemein fleifsige und durch die Benutzung der älteren Quellen noch immer brauchbare Geographie von Africa das Lopezsche Originalwerk zu Gebot stand, von solchen Montes Quemados gar nichts erwähnt (Systematische Erdbeschreibung von Africa. Nürnberg 1799. IV, 4 u. 13). Unter den älteren Berichterstattern findet sich nur noch bei Cavazzi (Uebersetzung S. 8) ein gebrannter Felsen in der Landschaft Pemba aufgeführt.

Zu S. 17 Z. 7 von oben. Cardozo (S. 204) nennt die ganze Masse der Pedras negras uneinnehmbare Mauern.

Zu S. 22 Z. 14 von oben. Bei diesen stinkenden Bergen Angolas ist es nicht ohne Interesse sich zu erinnern, dafs selbst eine Europäische Solfatara eine ganz ähnliche Benennung führt. Budoszhegy nämlich, der Name einer zuerst durch Fichtel bei Torda in Siebenbürgen beschriebenen Solfatara (Nachricht von Versteinerungen des Grofsf. Siebenbürgen. Nürnberg 1780, 122—133; Mineralogische Bemerkungen von den Karpathen. Wien 1791, 169, 398, 425, 513 und Mineralogische Aufsätze. Wien 1790, 250—288) bedeutet ebenfalls im Magyarischen stinkende Berge. Die an letzteren aber wahrzunehmenden Phänomene, umfassend heifse, erstickende Schwefeldämpfe, Schwefelabsätze, Bimssteinablagerungen, anstehende Trachyte, gebrannte Felsgesteine, verschiedene Kraterschlünde und einen kleinen vulcanischen See, den St. Annasee (Lacus St. Annae auf Lipskis Charte) erweisen, dafs jene Angolanische Localität mit der Siebenbürgschen vollkommen gleicher Natur ist.

Zu S. 25 Z. 5 von oben. Doch führte schon John Eddy in seiner

Charte zu des Supercargo Riley Werk (Loss of the American Brig Commerce with an account of Timbouctoo. New York. 1817) die Camerons als vulcanische Gegend auf.

Zu S. 26 Z. 27 von oben lies bemerkte statt bewirkte.

Zu S. 37 Z. 4 von unten. Diese von Lopes de Lima verfaſste Schrift ist nicht in Madrid, sondern in Lissabon erschienen, und führt den Titel: Das Ilhas de St. Thomé e Principe e sua dependencia.

Zu S. 37 Z. 15 von oben l. statt keisförmiger kreisförmiger.

Zu S. 45 Z. 11 von unten. Muthmaſslich werden auch zwischen den plutonischen und vulcanischen Massen der Camerons und denen in Angola später Verbindungen gefunden werden, indem nach den Angaben eines neueren Seefahrers, des Capt. Rodney Mundy selbst noch bei Loango (4—4½° S. Br.) eine schwarze Felsspitze hart an der Küste vorhanden ist (Black point in den Annales mar. et col. Partie non offic. 1844. I, 286).

Zu S. 61 Z. 14 von oben. Merkwürdig einstimmend mit Sykes und doch ganz unabhängig von ihm schätzte ebenfalls Newbold (Journ. of the As. Soc. of Bengal. Calcutta XI, 957) die Verbreitung der groſsen Trappbedeckung in Vorder Indien auf 250,000 Engl. Quadratmeilen.

Zu S. 68 Z. 21 von oben. Dr. Smith, dessen Name in S. 73 noch einmal vorkommt, fand z. B. einen Häuptling Sikoniela in diesen Gegenden auf der oberen ebenen Platte eines solchen Felsens, den der Reisende eine uneinnehmbare Festung nennt (Journal of the Geogr. Soc. of London VI, 397), wohnend.

Zu S. 74 Z. 9 von oben. Hesse, der Uebersetzer von Latrobes Reise, berichtet ebenfalls (S. 336), daſs die Calcedone am Ufer des Garip Politur annehmen und zu Pettschaften und Brustnadeln verarbeitet werden könnten.

Zu S. 75 Z. 3 von oben. Die Verwitterung der Mandelsteine veranlaſst auch in Vorder Indien, daſs die gröſseren Flüsse, z. B. der Kistnah und der Godavery, die von dem Plateaulande herabkommen, gefärbte Rollkiesel in ihren Betten führen. Vom Kistnah gibt es z. B. Newbold (a. a. O. 935), vom Godavery Malcolm (V, 546) an. Die rothe Färbung scheint hier bei den Kieselröllingen (nach Malcolmson 557) ebenso häufig, wie bei den am südlichen Rande der Alpen von Bassano zu sein.

Zu S. 86 letzte Z. von unten. Der Bericht im Bull. über die erloschenen vulcanischen Kratere an einem Binnensee nördlich vom Wendekreise rührt nicht von Eingeborenen, sondern von einem nicht genannten Missionar her. Wären die Data in demselben nicht so verschieden von dem Livingstonschen, durch Methuen mitgetheilten, so ließe sich vermuthen, daſs er mit letzterem identisch wäre.

Zu S. 97 Z. 3 von unten statt Humboldf lies Humboldt.

Zu S. 98—100. Für die Verbreitung vulcanischer Gebilde in Abyssinien ist es noch bemerkenswerth, daſs dergleichen sich, wie Rüppell berichtet, sogar auf den Inseln des Dembeasees (Mus. Senk. I, 287) finden, und daſs Lefebvre (II, 141) auch den Boden der Provinz Lasta, einer der höchsten Abyssiniens, vulcanisch nennt. Selbst die obeliskenförmigen und wunderbar zerrissenen Felsgipfel, welche Salt (Valentia Voyages and Travels to India, Abyssinia, the Red Sea. III. Vol. London 1809) bei Dixan, Adowa und in der sogenannten St. Johanneskirche bei Axum sah und welche auch von diesem Reisenden bildlich dargestellt wurden, erinnern ganz an die ähnlichen eigenthümlich gestalteten Felsen des Trappgebiets in Vorder Indien und Natalien. Nicht minder beobachtete Rüppell im nordöstlichen Abyssinien viele Dolerite (Mus. S. I, 286). Es hatte deshalb Johnston wohl nicht unrecht, wenn er ausdrücklich aussprach (II, 257), Abyssinien bestehe fast ganz aus vulcanischen Gesteinen. Die Durchbrüche aller dieser Gebilde scheinen übrigens wesentlich durch Sandsteine erfolgt zu sein, indem Rüppell in der That im nordöstlichen Abyssinien Sandsteine durch Laven geschmolzen (Reisen I, 387) fand.

Zu S. 100. Auf der letzten Zeile lies statt XII, 7 XIV, 7.

Zu S. 101 bei Anm. 2. Schon nach Burkhardt (S. 357) ist Burr Adschem ein Name, womit die Muhamedaner Persien und denjenigen Theil des Ost Africanischen Küstenstrichs bezeichnen, der sich von Berbera bis Suakim ausdehnt und von den älteren Europäischen Geographen das Regnum Adjamiae genannt wurde.

Zu S. 102 Z. 21. Auch nach Lieut. Cruttendens Beobachtungen (Journ. of the As. Soc. of Bengal XI, 1134) kommen an der Küste von Abyssinien vulcanische Felsen vor.

Zu S. 102 Z. 13 von oben. Hinter Medaw ist noch einzuschieben und Laba Goumbar Bedaw.

Ebendort Z. 16. Auch Kirk (Journ. XII, 221) erwähnt Basaltfelsen unmittelbar bei Tadschourra und Ausläufer trachytischer Natur aus dem Dschebel Gudah in derselben Gegend, aber etwas tiefer im Lande.

Zu S. 103 Z. 17 von oben. Der Dschebel Dschin ist muthmafslich im Zusammenhange mit dem von Lord Valentia in dieselbe Gegend versetzten Vorgebirge (Bas) Beloul, an welchem der Reisende mehrere conische Berge antraf (II, 22). Weiter im Norden beobachtete ebenfalls Valentia braune Felsen, die ganz das Ansehen hatten, als wären sie gebrannt, auf der nahe der Africanischen Küste liegenden Insel Rackmak.

Zu S. 106 Anm. 4. Dafs der grofse Abidavulcan eine Art Centralvulcan ist, sagt ebenfalls Kirk im Journ. of the Geogr. Soc. of Lond. XII, 232.

Zu S. 109 Z. 4 von unten lies statt Osidian Obsidian.

Zu S. 110 Z. 6 von unten. Rüppell versichert sogar ausdrücklich, dafs er bei den Vulcanen Central Abyssiniens keine Obsidiane und Bimssteine gefunden habe.

Zu S. 119. Selbst von dem jetzt erloschenen Krater des Helmund am Hawash behauptet Harris (I, 257), dafs er erst vor einiger Zeit mit seinen Ausbrüchen aufgehört zu haben scheine.

Zu S. 120 Z. 4 von oben. Johnston setzt hinzu, dafs die Beduinen diesen Schwefel in grofser Menge nach Shoa als Tribut bringen.

Zu S. 121 Z. 12 von oben. Beke behauptet ebenfalls vom Alobar bestimmt, dafs er nach den von ihm erhaltenen Nachrichten von vulcanischem Ursprunge sein müsse (Journal of the Geogr. Soc. of London XII, 97).

Zu S. 122 Z. 7 von oben. Ganz übereinstimmend mit den Verhältnissen des Trapps im südlichen Africa und Indien (S. 269) finden wir auch im südlichen Abyssinien eine gar rasche Zersetzung der Trappmassen, die sogar ohne Beihilfe von Wasser erfolgt, indem die Atmosphäre schon für sich sogar das härteste dieser Gesteine in kurzer Zeit zum Zerfallen bringt. So zersetzter Trapp bildet eine lose Erde, die hier, grade wie in Vorder Indien der black cotton clay, sich vorzugsweise zur Cultur der Baumwollenstaude geeignet zeigt und bei den Abyssiniern den Namen des Argoubbalandes führt (Johnston II, 257 und Rüppell I, 420). Die für den Bau der Baumwollenstaude vorzügliche Geeigentheit des Bodens in Natalien rührt unzweifelhaft von derselben Ursache her.

Zu S. 126. Auch Rüppell nennt den Dschebel Dukhán einen noch rauchenden Berg (Reisen II, 256) und Hibbert gibt ihm eine viel bedeutendere Höhe, nämlich eine von 1300 Fufs (Jameson XXVI, 41).

Zu S. 132 Z. 9. Nach Rochet (Sec. voy. XXVII) bietet Perim an seinen mauerförmig abstürzenden Felsrändern Säulenreihen dar, ähnlich wie die Felsen von Puy im Velay.

Zu S. 138 Z. 12 von unten. Nach Hulton werden in der That die hohen Berge bei Khamies in Jemen, in derselben Gegend also, die Niebuhr (Reisebeschreibung I, 431) ihrer Carneole wegen erwähnt, durch Mandelsteine gebildet.

Zu S. 139 Anm. 2. So berichtet z. B. noch Dufrénoy aus den Mittheilungen Rochets (Sec. Voy. XXXVI), dafs südlich Yambo zwischen diesem Hafen und Confoudda das Meer durch vulcanische Kegel begränzt werde, die eine fortlaufende Kette in etwa 1 Stunde Entfernung von der Küste bildeten. Diefs war namentlich am Hafen Elbereck südlich Yambo und an den zwischen Yambo und Confoudda gelegenen Häfen von Rabak und Gelba der Fall.

Zu S. 140 Z. 4 von oben. Seetzen kannte natürlich noch keinen Trachyt; indem er aber das Gestein des Saberbergstocks (Szabbar bei Seetzen) und der Vorberge dieses Stocks Granit nennt (v. Zach XXVIII, 229), ergibt sich deutlich, dafs er und Botta dasselbe Gestein beobachtet haben müssen.

Zu S. 140 Z. 14 von oben. Rochet behauptet endlich, dafs südlich Adén sich auch Alaunsteinähnliche Massen und Phonolithe finden (Sec. voy. XXXVII). Erstere erinnern an die verschiedenen Schwefelablagerungen in Yemen in der Nähe oder gar in Trachytgebieten selbst (S. 140), und es sind beide höchst wahrscheinlich Producte desselben Processes; letztere dagegen erweisen abermals, dafs Phonolithe ächt vulcanischen Gebieten nicht fehlen.

Ebendort Z. 22 von oben. Die natürlichen Verhältnisse müssen übrigens so bestimmt zu der Ansicht über den einstigen unmittelbaren Zusammenhang beider Ränder und deren erst später durch ein gewaltsames Ereignifs erfolgte Trennung leiten, dafs Andeutungen davon sich sogar schon bei den älteren Arabischen Autoren finden. So nennt Cazwini nach Capt. Newbolds Mittheilung den Meerbusen den Schubah min Bahr el Hind, was wörtlich eine Spalte im Felsen, worin Wasser aus dem Meere von Hind (Indien) sich befinde, bedeuten soll. Newbold selbst neigte sich dieser Ansicht zu, indem er in Betracht der Gleichartigkeit des Kalksteins auf beiden Seiten des Meerbusens annimmt, dafs ein Versinken desjenigen Theils des früheren Continents eingetreten sei, wo jetzt der Meerbusen erscheine (Journal of the Asiat. Soc. of Bengal. Calcutta 1842. XI, 1134 und Journal of the Asiat. Soc. of Gr. Br. a. J. VIII, 360).

Zu S. 141 Z. 7 von oben. Auch Rödiger (Wellstedt II, 337) erwähnt aus älteren Arabischen Quellen, wie es scheint, dafs in Hadramaut ein rauchender Brunnen sich befinde, in welchen die Seelen des Unglücklichen gebannt seien.

Zu S. 145 Z. 5 von oben statt Fooilloy lies Fouilloy.

Zu S. 148 Z. 3 von oben. Capt. Newbold versichert gleichfalls aus eigener Anschauung (Journal of the Bengal Soc. XI, 1133), dafs die ganze Umgebung Adéns, einige neuere Kalkmassen ausgenommen, eine einzige Lavenmasse sei, die in Trachyt, Thonsteinporphyr und Pechstein übergehe. Gänge einer jüngeren Lava durchsetzten diese Gesteine. Der Basalt von Adén soll endlich nach Newbold den neueren Basalten des Puy de Dome in Frankreich gleichen.

Zu S. 162 Z. 5 von oben. Ein neuerer Französischer geognostischer Forscher, der leider als ein abermaliges Opfer ungemessenen Eifers für die Wissenschaft den climatischen Einflüssen Africas erlegen ist, Lefèvre, versichert, in der Bahiudawüste Basaltfelsen beobachtet zu haben (Bull. de la soc. géol. de France. X, 118).

Zu S. 165. Nach Brown (S. 346) werden noch jetzt Carneole zum Schmuck aus Egypten in Dar Fûr eingeführt.

Zu S. 180 Anm. 1. Nachträglich stofse ich auf Russeggers eigene Bemerkung (Reisen I, 275), dafs der Achmár und Ahfrakberg identisch sind. Ahfrak in der Note ist ein Druckfehler statt Asrak.

Druck von G. Reimer in Berlin.

FSC
www.fsc.org
MIX
Papier | Fördert gute Waldnutzung
FSC® C083411

Kolibri 360 GmbH
Ferdinand-Jühlke-Straße 7
99095 Erfurt, Deutschland
produktsicherheit@kolibri360.de